2
1969

# Faserforschung und Textiltechnik

**WISSENSCHAFTLICH-TECHNISCHE ZEITSCHRIFT FÜR DIE CHEMIEFASER- UND TEXTILINDUSTRIE**

BEGRÜNDET VON
ERICH CORRENS UND WALTER FRENZEL

HERAUSGEGEBEN VON ERICH CORRENS – WOLFGANG BOBETH – HANS BÖHRINGER – HERMANN KLARE – BURKART PHILIPP – CHRISTIAN RUSCHER

SCHRIFTLEITER J. BRÄMER UND I. RUSCHER



AKADEMIE-VERLAG BERLIN

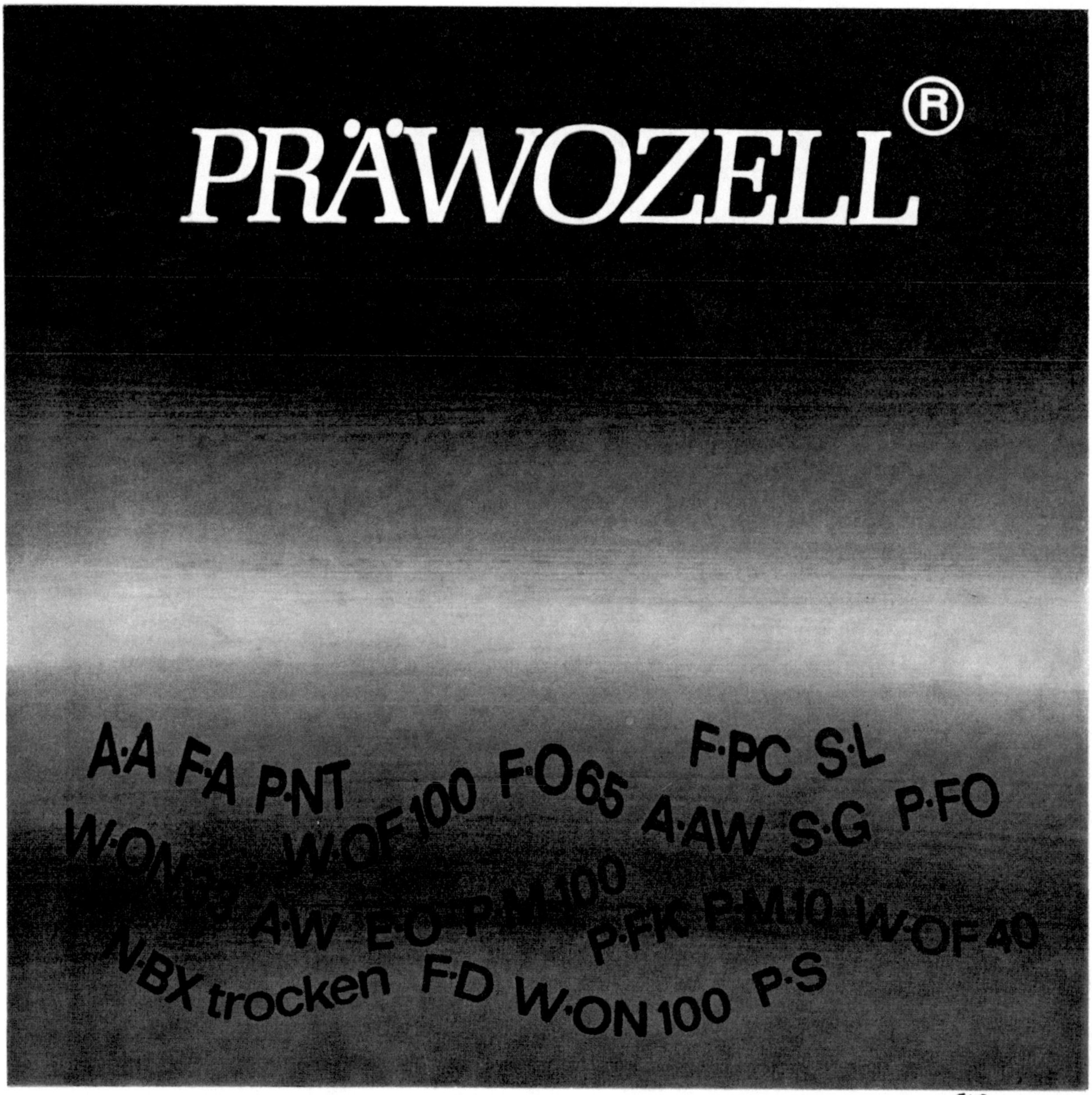


PRÄWOZELL® ein Begriff für eine breite Palette hochwertiger Textilhilfsmittel. Ob zum Waschen, Walken, Weichmachen oder zum Schmälzen, Schlichten, Färben, ob zum Beuchen, Bleichen, Detachieren oder zum Netzen, Appretieren, Präparieren:

PRÄWOZELL® veredelt Fasern aus Kunststoff genau so zuverlässig wie Wolle, Baumwolle, Seide, Kunstseide, kurz alle Rohstoffe und Fertigungserzeugnisse der Textilindustrie.

PRÄWOZELL® ein Begriff für Qualitätserzeugnisse, die höchsten Anforderungen gerecht werden.

Fordern Sie eingehendes Informationsmaterial bei uns an.

VEB CHEMISCHE WERKE BUNA · 4212 SCHKOPAU ÜBER MERSEBURG · DDR

DK 674.031.32:582.623.2:661.728.6
539.388.8:535.827.2:537.533.35

*Casperson, Gerhard, Philipp, Burkart, Jacopian, Vazgen,* und *Hoyme, Erika*

Zum Quellungsverhalten von Normalholz- und Zugholzfasern der Pappel

Faserforsch. u. Textiltechnik **20** (1969) 2, S. 61—70. 17 Abb., 3 Tab., 35 Lit.

Das Quellungsverhalten von Zugholz- und Normalholzfasern von Populus robusta wird im fertig aufgeschlossenen, gebleichten, lufttrockenen Sulfitzellstoff mit lichtmikroskopischen sowie mit elektronenmikroskopischen (Abdruckverfahren, Ultradünnschnittverfahren) Methoden untersucht, wobei die Quellmittel Phosphorsäure, Cuen, Cadoxen und EWNN verglichen werden. Die Ursachen der im fertigen Zellstoff sehr ausgeprägten Quellungsresistenz von Zugholzfasern werden diskutiert.

DK 547.458.82:541.24.08:541.127.1:53.088.2

*Poller, Siegfried*

Zur Methodik der Polymerisationsgradbestimmung an Cellulosenitraten

Teil II. Geschwindigkeitsgefälle, Konzentration, Substitutionsgrad, Polymerisationsgradberechnung, Fehlerkritik

Faserforsch. u. Textiltechnik **20** (1969) 2, S. 71—76. 3 Abb., 6 Tab., 32 Lit.

Es werden Überlegungen, Versuche und Berechnungen zur Methodik der Polymerisationsgradbestimmung an Cellulosenitraten angestellt. Im vorliegenden II. Teil der Arbeit werden die Probleme des Geschwindigkeitsgefälles, des Konzentrationseinflusses, des Substitutionsgrades und der Umwertung der Viskositätszahlen in Polymerisationsgrade behandelt.

DK 677.463:[541.125:543.888]:66.094.94
546.22:546.33—36:543.257.1

*Pass, Heinz,* und *Michels, Christoph*

Beitrag zur Bestimmung des Gammawertes im spinnenden Faserkabel

Faserforsch. u. Textiltechnik **20** (1969) 2, S. 77—80. 2 Abb., 2 Tab., 6 Lit.

Es wird von einer Methode der Gammawertbestimmung berichtet, bei der das mit einer speziellen Schneidvorrichtung aus einem spinnenden Faserkabel herausgeschnittene Probestück in kalter 2 N Natronlauge gelöst wird und nach Entfernung der Nebenprodukte durch Ionenaustausch die Ermittlung des in alkoholischer Natronlauge absorbierten Xanthogenatschwefels potentiometrisch erfolgt.

DK 677.1/.5:531.754:53.084

*Winkler, Friedrich, Homann, Gerhard,* und *Götze, Wolfgang*

Dichtebestimmung an Faserstoffen

III. Eigene Untersuchungen: Meßeinrichtung und Meßverfahren

Faserforsch. u. Textiltechnik **20** (1969) 2, S. 80—86. 6 Abb., 2 Tab., 5 Lit.

Die Entwicklung und der Aufbau einer Dichtemeßapparatur werden beschrieben, mit der die Dichte für die verschiedensten Faserstoffe nach dem Schwebeverfahren mit Konzentrationsvariation — Verfahren mit homogener Mischung der Prüfflüssigkeit — bestimmt wurde. Der Einfluß der Meßflüssigkeit auf die Dichte wurde untersucht. Die Genauigkeit des Meßverfahrens wird angegeben.

DK 677.494.745.32:677.494.061.3:[541.183:546.15]:539.26

*von Hornuff, Günther,* und *Lenzer, Manfred*

Einwirkung von Jod auf Polyacrylnitrilfaserstoffe

Faserforsch. u. Textiltechnik **20** (1969) 2, S. 86—98. 18 Abb., 8 Tab., 24 Lit.

Die Einwirkung des Jods auf die PVY-Faserstoffe wurde über das bei der Jodsorptionsmethode übliche Maß durch Erhöhung der Temperatur und Einwirkungszeit intensiviert. An den jodierten PVY-Fasern wurden Strukturuntersuchungen durchgeführt. Die modifizierte Jodsorption führt zu einer Erhöhung der Jodzahlen, des Wasserrückhaltevermögens, der Schrumpfung, sowie zu einer Verringerung der Reißfestigkeit, der Orientierung und des Ordnungsgrades der PVY-Fasern. Die durch Jodbehandlung hervorgerufene Strukturauflockerung der PVY-Faser ist als Modell zum Studium der Carrierwirkung geeignet.

DK 678.745.32—492.2:620.191.7:536.495
35.365.1:535.668.8

*Makschin, Werner,* und *Ulbricht, Joachim*

Untersuchungen zur thermischen Verfärbung des Polyacrylnitrils

Messung der Verfärbung und Vorrichtung zur Prüfung der thermischen Beständigkeit von Polyacrylnitrilpulvern

Faserforsch. u. Textiltechnik **20** (1969) 2, S. 98—101. 1 Abb., 3 Tab., 10 Lit.

Für die Ermittlung der thermischen Beständigkeit und der Verfärbung von Acrylnitrilpolymeren wird die Verwendung pulverförmiger Proben empfohlen. Eine Apparatur zur thermischen Behandlung von Polymerpulvern in einem beliebigen Gasmedium wird beschrieben, die vor allem die aus der schlechten Wärmeleitfähigkeit herrührenden Fehler eliminiert. Die Messung der Verfärbung erfolgt durch Bestimmung des Reflexionsgrades. Als Maßzahl wird die Größe „prozentualer Verfärbungsgrad", das ist die relative Änderung des Weißgrades in Prozent, vorgeschlagen und anderen Meßgrößen gegenübergestellt.

Kurze Mitteilungen

DK 677.494:517.5:677.017.936
535—31:535—4:539.412.1

*Kaufmann, Siegfried*

Treffertheoretische Analyse der Ergebnisse von Bestrahlungsversuchen mit ultravioletter und sichtbarer Strahlung

Faserforsch. u. Textiltechnik **20** (1969) 2, S. 101—102. 1 Tab., 6 Lit.

DK 661.728.63:674.031.12:539.388.8
546.33—36:541.12.036

*Berndt, Wolfgang*

Zur Quellung von Buchenzellstoffen in 19,5%iger Natronlauge bei Temperaturen zwischen 20 und 70 °C

Faserforsch. u. Textiltechnik **20** (1969) 2, S. 102—103. 3 Abb., 4 Lit.

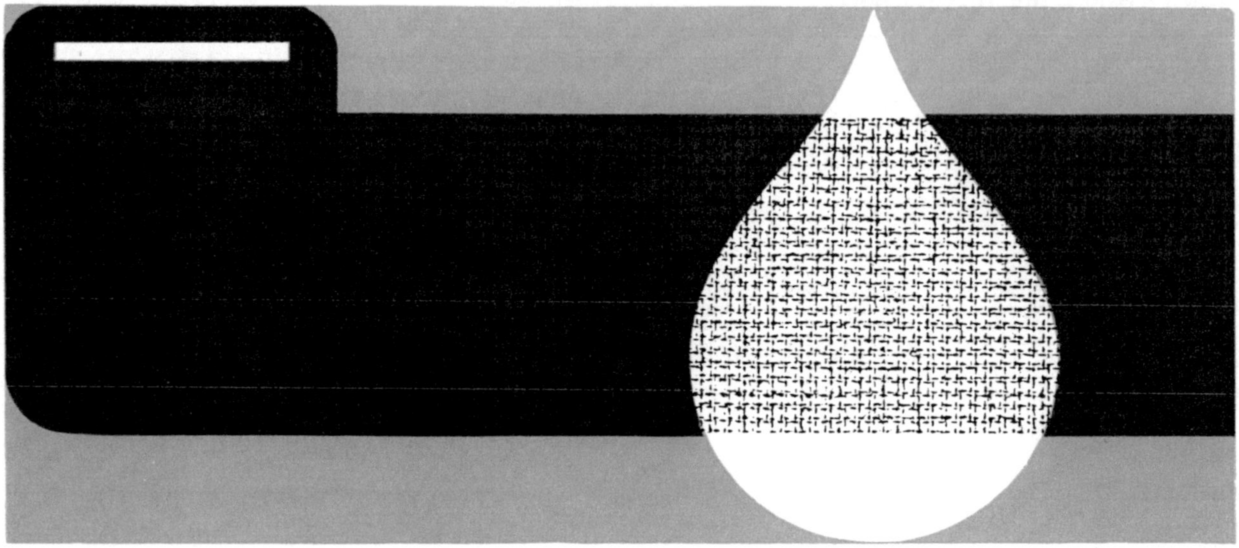



Die Zeitschrift „Faserforschung und Textiltechnik" erscheint monatlich in Heften zu 48 Textseiten im Format A 4. Der Preis für das Einzelheft beträgt M 15,– (Sonderpreis für DDR M 9,–), für den Vierteljahrbezug M 45,– (Sonderpreis für DDR M 27,–), zuzügl. Bestellgeld. Die Berechnung erfolgt zu Beginn eines Vierteljahrs für 3 Hefte. Bestellungen aus dem Gebiet der Deutschen Demokratischen Republik an ein Postamt, eine Buchhandlung oder den Verlag, aus der Deutschen Bundesrepublik an eine Buchhandlung oder die Auslieferungsstelle Kunst und Wissen, Erich Bieber, 7 Stuttgart 1, Wilhelmstraße 4–6, aus dem Ausland an eine Importbuchhandlung, den Deutschen Buch-Export und -Import GmbH., 701 Leipzig, Postschließfach 276, oder den Akademie-Verlag GmbH., 108 Berlin, Leipziger Str. 3–4 (Fernruf: 220441; Telex-Nr. 0112020; Postscheckkonto 35021) erbeten. Bestellnummer dieses Heftes: 1014/20/2. Alleinige Anzeigenannahme DEWAG-WERBUNG, 102 Berlin, Rosenthaler Str. 28/31, und alle DEWAG-Betriebe in den Bezirksstädten der DDR. – Bestellungen in der UdSSR nehmen entgegen: Städtische Abteilungen von „SOJUZPECHATJ" bzw. Postämter und Postkontore.

Herausgeber und verantwortlich für den Inhalt: Prof. Dr. Erich Correns, Institut für Faserstoff-Forschung der Deutschen Akademie der Wissenschaften zu Berlin, 153 Teltow-Seehof, Fernruf: Teltow 4831; Prof. Dr.-Ing. habil. Wolfgang Bobeth, Institut für Technologie der Fasern der Deutschen Akademie der Wissenschaften zu Berlin, 801 Dresden, Hohe Str. 6, Fernruf: 44721; Prof. Dr.-Ing. Hans Böhringer, Institut für Textiltechnologie der Chemiefasern Rudolstadt, Fernruf: Rudolstadt 2031; Prof. Dr. Hermann Klare, Prof. Dr. habil. Burkart Philipp und Dr. Christian Ruscher, Institut für Faserstoff-Forschung der Deutschen Akademie der Wissenschaften zu Berlin, 153 Teltow-Seehof, Fernruf: Teltow 4831. Schriftleiter: Joachim Brämer und Dipl.-Chem. Ingeborg Ruscher, 153 Teltow-Seehof, Kantstr. 55. Verlag: Akademie-Verlag GmbH., 108 Berlin, Leipziger Str. 3–4. Satz und Druck: Druckhaus „Maxim Gorki", 74 Altenburg. – Veröffentlicht unter der Lizenznummer 1280 des Presseamtes beim Vorsitzenden des Ministerrates der Deutschen Demokratischen Republik.

# Faserforschung und Textiltechnik

WISSENSCHAFTLICH-TECHNISCHE ZEITSCHRIFT FÜR DIE CHEMIEFASER- UND TEXTILINDUSTRIE

Band 20 Februar 1969 Heft 2

## Zum Quellungsverhalten von Normalholz- und Zugholzfasern der Pappel

*Gerhard Casperson, Burkart Philipp, Vazgen Jacopian und Erika Hoyme*

*Deutsche Akademie der Wissenschaften zu Berlin, Institut für Faserstoff-Forschung in Teltow-Seehof*

DK 674.031.32:582.623.2:661.728.6
539.388.8:535.827.2:537.533.35

Das Quellungsverhalten von Zugholz- und Normalholzfasern von Populus robusta wird im fertig aufgeschlossenen, gebleichten, lufttrockenen Sulfitzellstoff mit lichtmikroskopischen sowie mit elektronenmikroskopischen (Abdruckverfahren, Ultradünnschnittverfahren) Methoden untersucht, wobei die Quellmittel Phosphorsäure, Cuen, Cadoxen und EWNN verglichen werden. Die Ursachen der im fertigen Zellstoff sehr ausgeprägten Quellungsresistenz von Zugholzfasern werden diskutiert.

*К поведению волокон нормальной и тяговой древесины тополя при набухании*

Методами световой и электронной микроскопии (методы получения реплик и ультратонких срезов) изучено поведение волокон тяговой и нормальной древесины Populus robusta после варки (сульфитный способ), отбелки и сушки при нормальной температуре. Проведено сравнение результатов, полученных при применении различных набухающих средств (фосфорная кислота, куоксен, кадоксен и ЖВНК). Обсуждены причины ярко выраженной устойчивости к набуханию волокон тяговой древесины в готовой целлюлозе.

*Swelling Behaviour of Normal and Tension Wood Fibres of Poplar (Populus robusta)*

The swelling of normal and tension wood fibres in sulfite pulp of Populus robusta has been investigated by optical and electron microscopy (replicating, ultrathin sectioning) after pulping, bleaching and air-drying, using phosphoric acid, Cuen, Cadoxen and EWNN as swelling agents. The considerable resistance to swelling of tension wood fibres in the pulp produced is discussed.

### *1. Einleitung*

Zur Charakterisierung von Holz- und Zellstoff-Fasern wird oft auch die Einwirkung von Quellmitteln herangezogen, wobei die Auswertung in der Regel lichtmikroskopisch erfolgt [1 bis 6]. Elektronenmikroskopisch wurden die verschiedenen Quellstadien bisher wenig untersucht, was zum Teil durch die Schwierigkeiten bei der Präparation gequollener Fasern bedingt sein mag [7]. Aufbauend auf frühere lichtmikroskopische Arbeiten von *Haas* [8], von *Correns* [9] und von *Sachsse* [10] zur Quellung von Zugholzfasern der Pappel, soll im folgenden über licht- und elektronenmikroskopische Untersuchungen zum Quellverhalten vollständig aufgeschlossener und gebleichter Zellstoff-Fasern aus Pappelholz berichtet werden. Entsprechend der von uns bearbeiteten Gesamtthematik, d. h. einer Klärung des Reaktionsholz-Einflusses auf Herstellung und Verarbeitung von Pappeltextilzellstoff [11 bis 13] mittels chemischer und morphologischer Arbeitsmethoden, steht dabei ein Vergleich von Normalholz- und Zugholzfaser im Vordergrund. Daneben soll mit dieser Arbeit ein Beitrag zur Frage des unterschiedlichen Quellverlaufs in verschiedenartigen Quell- und Lösemitteln für Cellulose gegeben werden.

### *2. Bemerkungen zur Versuchsmethodik*

#### *2.1. Herstellung und Charakterisierung der Zellstoffproben*

Zugholzreiche, frisch eingeschlagene und entrindete Stämme von Populus robusta (Standort Dippoldiswalde/Sa.) wurden in ca. 3 cm dicke Scheiben zerlegt und diese nach Trocknen im Luftumwälztrockenschrank bei 50 °C in Blöckchen von ca. 30 × 30 × 5 mm Kantenlänge zerkleinert, worauf eine Sortierung in praktisch zugholzfreie („Normalholz") und besonders zugholzreiche („Zugholz") Blöckchen vorgenommen wurde. Der Aufschluß erfolgte nach dem Calciumbisulfit-Verfahren mit 0,95% CaO und 6% Gesamt-$SO_2$ bei einem Flottenverhältnis 1:4,5. Anschließend wurde dreistufig gebleicht. Zugholz und Normalholz wurden entweder in getrennten Ansätzen aufgeschlossen („separate Kochung"), oder aber in einer gemeinsamen Kochflotte, wobei Normalholz- und Zugholzcharge durch ein Drahtnetz im Siebeinsatz des Autoklaven voneinander getrennt waren („gemeinsame Kochung"). Hinsichtlich methodischer Einzelheiten sei auf unsere kürzlich erschienene Veröffentlichung verwiesen [14].

Die wesentlichen Analysendaten der für die Quellungsuntersuchungen eingesetzten Proben gehen aus Tabelle 1 hervor, wobei die unterschiedlichen Kocherstoff-DP von Zugholz- und Normalholzcharge bei gemeinsamer Kochung in [14] bereits ausführlich diskutiert wurden.

#### *2.2. Durchführung der Quellungsuntersuchungen*

Als *Quellmittel* dienten 80%ige Phosphorsäure, Cuen-Lösung nach [16], Cadoxen-Lösung nach [17 bis 19] sowie EWNN [20], hergestellt nach [21]. Die alkalischen Quellmittel gelangten sowohl unverdünnt als auch in den später angegebenen Verdünnungen mit Wasser zur Anwendung.

Für die *lichtmikroskopischen* Untersuchungen wurde ein Nf-Forschungsmikroskop (VEB Carl Zeiss Jena) mit Phasenkontrast und Polarisationseinrichtung verwendet. Die Quellbilder der Einzelfasern wurden im verdünnten Quellmittel beobachtet und fotografisch aufgenommen. Zum Vergleich der Quellgeschwindigkeiten in EWNN, Cuen und Cadoxen wurde bei schwächerer Vergrößerung auf einem Objektträger mit lufttrockenem Probenmaterial ein Gesichtsfeld mit ca. 50 Einzelfasern ausgesucht, dann von der

*Tabelle 1. Analysendaten der Zellstoffproben*

| Nr. | Holztyp | Kochung | Kocherstoff | | Gebleichter Zellstoff | | | |
|---|---|---|---|---|---|---|---|---|
| | | | $\eta_{Cu}$ | $DP_{Cu}$ | $\eta_{Cu}$ | $DP_{Cu}$ | % α-Cell. | % Pentosan |
| 1a | Normalholz | gemeinsam | 440 mP | 970 | 176 mP | 630 | — | 3,5 |
| 1b | Zugholz | gemeinsam | 131 mP | 530 | 95 mP | 440 | — | 3,3 |
| 2 | Normalholz | separat | 386 mP | 905 | 217 mP | 700 | 91,4 | 3,3 |
| 3a | Zugholz | separat | 432 mP | 960 | 218 mP | 705 | — | 4.1 |
| 3b | Zugholz | separat | 432 mP | 960 | 121 mP | 510 | — | 3,9 |
| 4a | Zugholz | separat | 186 mP | (655)* | 163 mP | (605) | 90,8 | 2,9 |
| 4b | Zugholz | separat | 186 mP | (655) | 116 mP | (485) | 90,6 | 2,9 |
| 5 | Zugholz | separat | 116 mP | (485) | 97 mP | (440) | 89,7 | 2,7 |

*) Die in Klammern gesetzten DP-Werte wurden aus einem Nomogramm nach [15] erhalten.

Seite her drei Tropfen Quellmittel zugegeben und der Quellungsablauf zeitlich verfolgt. Als Kriterien einer halbquantitativen Auswertung dienten der Quellbeginn, der Zeitpunkt einer vollständigen Auflösung einzelner Fasern sowie Anzahl und Quellungszustand der nach längerer Zeit ungelöst bleibenden Fasern. Ein vorheriges Anquellen der Probe mit Wasser nach *Jayme* und *Hasvold* [19] bewährte sich in unserem Falle nicht, da das später zugesetzte Quellmittel durch anhaftendes Wasser in unkontrollierbarer Weise verdünnt wurde.

*Elektronenmikroskopische* Untersuchungen wurden sowohl an Oberflächenabdrücken als auch an Ultradünnschnitten durchgeführt. Für die Abdrucktechnik kommen zwei Verfahren in Betracht, einmal der u. a. von *Jayme* und *Balser* [22] bei Untersuchungen an Zellglasgelen verwendete Feuchtabdruck, zum anderen die Gefriertrocknung, mit der *Teder* [23, 24] bei Studien mit dem „Stereoscan"-Elektronenmikroskop zum Trocknungsverlauf bei Zellstoffen gute Ergebnisse erhalten hatte. Wir gaben der Gefriertrocknung den Vorzug, einmal wegen der sauberen Technik, zum anderen wegen der Möglichkeit, gleichzeitig Material für die Ultramikrotomie zu gewinnen. Bei der Herstellung von Ultradünnschnitten gequollener Zellstoff-Fasern liegt das Hauptproblem in der Einbettung. Zunächst muß das Quellmittel gegen Wasser ausgetauscht werden, wobei sich Cuen als Quellmittel am geeignetsten erwies, da sich hier dieser Austausch ohne merkliche Änderung des Quellungszustandes vornehmen ließ. Für die weitere Präparation bieten sich drei Möglichkeiten. Erstens kann ein Entzug des Wassers über eine „Alkoholreihe" erfolgen, wie es *Morehead* [25] versucht hat, wobei allerdings der Quellungszustand stark verändert wird. Man kann zweitens die Entwässerung durch Verwendung eines wasserlöslichen Einbettungsmittels umgehen, wie es beispielsweise *Polčin* und *Karhanek* [26] mit Glykolmethacrylat an einer gequollenen Faserprobe demonstrierten. Der dritte von uns beschrittene Weg ist wiederum die Gefriertrocknung. Hierzu wurden kleine Proben des cuengequollenen, $H_2O$-ausgetauschten Fasermaterials auf ein Deckglas gebracht, das in ein passendes Kupferblech als gut wärmeleitender Halter eingeschoben wurde. Objekt und Halterung wurden nun in mit flüssigem Stickstoff gekühltes Isopentan getaucht. Nach dem Einfrieren wurde das Objekt während ca. 24 h bei —38 °C bis zu einem Endvakuum von $< 10^{-5}$ Torr getrocknet. Anschließend wurde ein kleiner Teil des Präparats für die Ultramikrotomie entnommen, sogleich in Methacrylat eingelegt und wie bereits beschrieben weiterbehandelt [11]. Der andere Teil wurde mit C/Pt bedampft (Bedampfungsstand HBA 2, VEB Carl Zeiss Jena), dann in 72%iger Schwefelsäure gelöst und der Bedampfungsfilm für die Betrachtung im Elektronenmikroskop (SEM 3, VEB Werk für Fernsehelektronik Berlin) aufgefangen.

## 3. *Ergebnisse*

### 3.1. *Lichtmikroskopische Untersuchungen der Quellformen in verschiedenen Quellmitteln*

Die Quellungsuntersuchungen in *80%iger Phosphorsäure* bei 24 h Quelldauer bestätigten anhand unserer Zellstoffproben 1a und 1b im wesentlichen frühere Ergebnisse von *Sachsse* [10] an Pappelholzfasern. Im allgemeinen konnte nur eine relativ geringe Strukturauflockerung festgestellt werden. Die Fasern wurden unter dem Deckglas leicht gequetscht, um die Feinstruktur deutlicher hervortreten zu lassen. Die Bilder 1a und 1b geben die typische Struktur je einer Normalholz- und einer Zugholzfaser wieder. Die Normalholzfaser zeigt die Fibrillen in einer Schraubenstruktur,

Bild 1. Faserquellung in 80%iger $H_3PO_4$, Präparat leicht gequetscht
a) Normalholzfaser mit Schraubentextur in der $S_2$, Probe 1a
b) Zugholzfaser mit Parallelstruktur in der *G*-Schicht, Querrisse in der Faser, Probe 1b
Vergr. 500:1

während die Zugholzfaser eine Parallelstruktur aufweist. Deutlich zu erkennen sind die bereits von *Correns* [9] und von *Sachsse* [10] hervorgehobenen Querrisse in der Zugholzfaser, die offensichtlich bevorzugte Stellen für den Angriff von Quellmitteln sein können.

In *Cuenlösungen* verläuft die Quellung wesentlich rascher und weitergehend als in $H_3PO_4$, weshalb wir zum Studium der einzelnen Quellungsphasen mit Verdünnungen der ursprünglichen Lösung im Verhältnis 1:1 bis 1:4 arbeiteten. Im Verlaufe der Quellung einer Normalholzfaser (Bild 2) tritt zunächst die Schraubenstruktur der $S_2$ zunehmend deutlicher hervor (Vergleich von Faser 1 und Faser 2), bis die $S_2$ dann unter Querzerfall allmählich in Lösung geht (Faser 3 und 4) und schließlich nur die quellungsresistente $S_3$ zurückbleibt (Faser 4). Die verschiedenen Quellstadien der Fasern 1 bis 4 im gleichen Präparat zum gleichen Zeitpunkt zeigen deutlich, wie unterschiedlich die einzelnen Fasern auf das Quellmittel reagieren, was eine statistische Auswertung der Quellstadien (vgl. [2]) natürlich sehr erschwert. Im Vergleich zur Normalholzfaser finden wir bei der Quellung einer Zugholzfaser (Bild 3) zunächst einzelne Querrisse und Längsspalten (Faser 1). In einem späteren Stadium der Quellung erkennt man unter den spiralig aufgerollten Primärwandresten deutlich die Parallelstruktur der *G*-Schicht (Faser 3). Die Zelle wird lumenseitig durch eine gut ausgebildete flachschraubige Tertiärlamelle abgeschlossen. Faser 2 zeigt die Bruchstelle einer angequollenen Zugholzfaser mit einer charakteristischen Pinselstruktur.

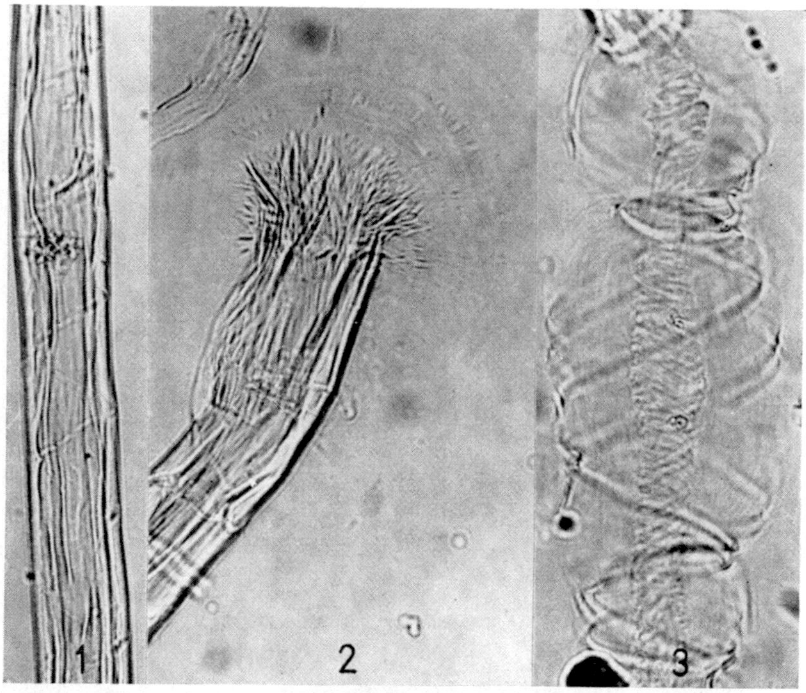


Bild 3. Faserquellung von Zugholzfasern, Probe 1 b, in Cuen
1 = beginnende Quellung mit Längstextur und Querrissen
2 = Faserbruchstück mit pinselförmiger Verquellung
3 = schraubige Primärwandreste umgeben die *G*-Schicht mit achsenparalleler Textur und ausgeprägter $S_3$, Einschnürungen $S_1$
Vergr. 500:1

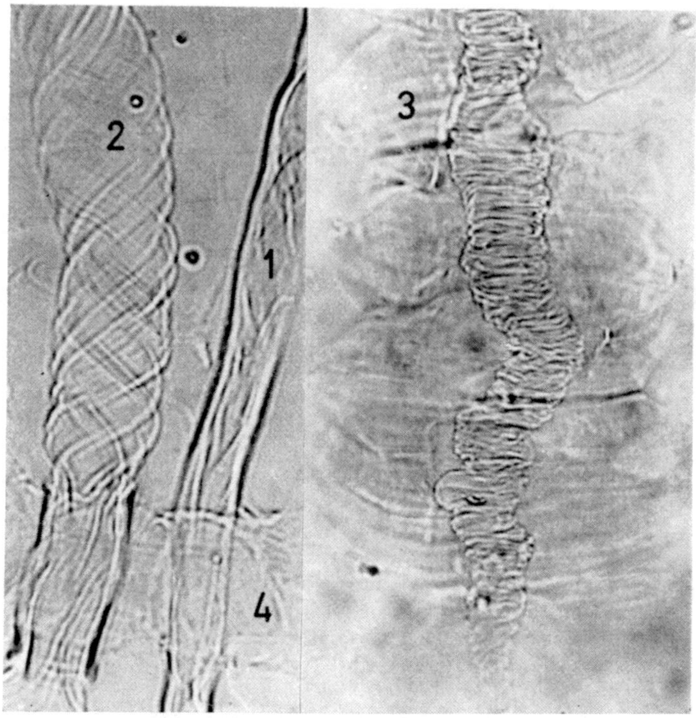


Bild 2. Faserquellung von Normalholzfasern, Probe 1 a, in Cuen
1 = beginnende Quellung 2 = Schraubentextur der $S_2$
3 = Querzerfall der $S_2$ und quellungsresistente $S_3$
4 = Auflösungsstadium mit schwach ausgeprägter $S_3$
Vergr. 500:1

Bild 4 bestätigt diesen Unterschied zwischen Normal- und Zugholzfasern anhand einer Aufnahme mit polarisiertem Licht zu Beginn der Cuen-Quellung. Bei der Normalholzfaser liegt wieder die Schraubentextur vor, bei der Zugholzfaser dagegen eine fast achsenparallele Textur. Neben den bisher beschriebenen Quellformen treten bei Normalholzwie bei Zugholzfasern auch Kugelbauchquellungen auf (Bild 5), wobei allerdings die „Einschnürungen" zwischen den Kugeln („Manschetten" aus der $S_1$ und evtl. Resten der Primärwand) bei Zugholzfasern wesentlich weniger hervortreten, offensichtlich infolge langsamerer Quellung der *G*-Schicht.

Die in *Cadoxenlösungen* beobachteten Quellformen entsprachen durchaus denen in Cuen, so daß hier von einer Wiedergabe abgesehen werden kann.

Bild 4. Faserquellung von Normalholz- und Zugholzfaser in Cuen in polarisiertem Licht (Probe 1b). Normalholz mit Schraubentextur, Zugholzfaser mit Paralleltextur
Vergr. 500:1

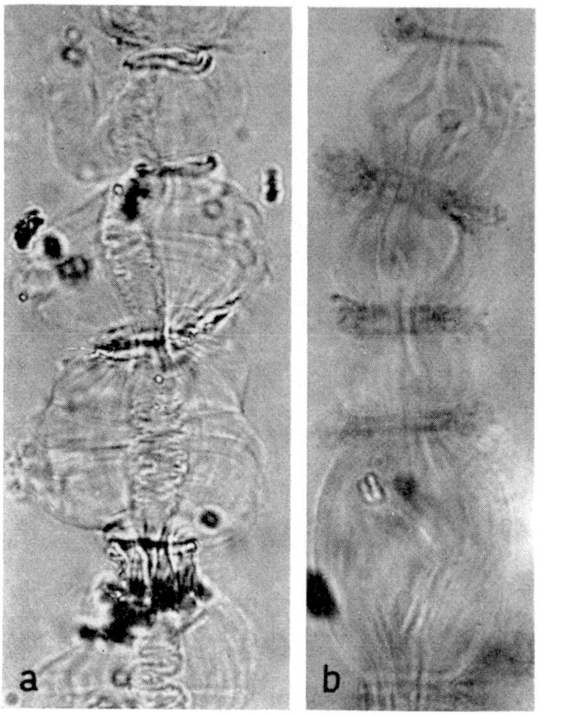


Bild 5. Kugelbauchquellung in Cuen
a) Normalholzfaser (Probe 1a) mit beginnendem Querzerfall und ausgeprägter $S_3$,
b) Zugholzfaser (Probe 1b) mit Längsstruktur
Vergr.: 500:1

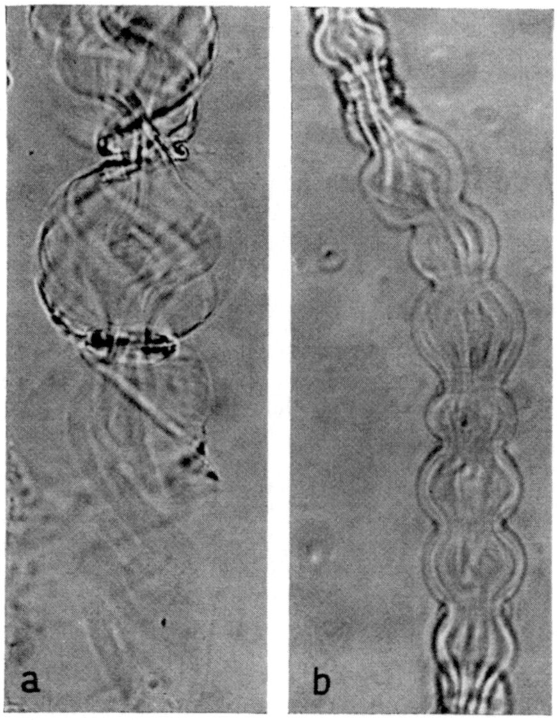


Bild 6. Kugelbauchquellung in EWNN
a) Normalholzfaser (Probe 1a)
b) Zugholzfaser (Probe 1b) in Phasenkontrast
Vergr. 500:1

Die Quellung in *EWNN-Lösungen* verläuft langsamer als in Cuen und Cadoxen, doch ist die Quellungsintensität, also die Lösekraft, größer als bei Cadoxen (vgl. [5]). Auch bei Pappelfasern sind in EWNN Kugelbauchquellungen häufiger anzutreffen als in Cuen oder Cadoxen (vgl. [6]), wobei auch hier die Unterschiede zwischen Zugholz- und Normalholzfasern deutlich hervortreten (Bild 6).

### *3.2. Vergleich der Quellgeschwindigkeiten und Rückstandsmessungen in verschiedenen Quellmitteln*

Die Zahlenangaben der Tabelle 2, die Mittelwerte aus jeweils zehn Einzelversuchen darstellen, bestätigen die im Vergleich zu Cuen und Cadoxen langsamere Quellung in EWNN. Aus Zugholz erhaltene Zellstoff-Fasern (Probe 1b und 3a) quellen im allgemeinen langsamer als solche aus Normalholz (1a und 2).

Nach spätestens 5 min kam die Quellung in allen Fällen zum Stillstand. Die nach dieser Zeit ausgezählten ungelösten Fasern erreichten bei „Zugholzproben" generell höhere Prozentanteile als bei „Normalholzproben", vor allem nach „gemeinsamer Kochung" von Normal- und Zugholz, obwohl die aus Zugholz hergestellte Probe bereits einen sehr niedrigen DP aufweist. Zur weiteren Charakterisierung des nach 5 min in EWNN ungelösten Faseranteils wurde dieser den folgenden Quellformen prozentual zugeordnet

I ungequollene Fasern
II angequollene Fasern
III Kugelbauchquellung
IV weit fortgeschrittene Quellung.

*Tabelle 2. Vergleich von Quellgeschwindigkeiten und Rückstandsmengen*

| Probe Nr. | Quellmittel | Quellbeginn [s] | Beginn der Auflösung [s] | Quellstillstand [s] | % ungelöste Fasern nach 5 min |
|---|---|---|---|---|---|
| 1a | Cuen | 1 | 1 | 300 | 28 |
| | Cadoxen | 1 | 1 | 300 | 40 |
| | EWNN | 15 | 60 | 300 | 20 |
| 1b | Cuen | 5 | 5 | 300 | 64 |
| | Cadoxen | 5 | 5 | 300 | 74 |
| | EWNN | 20 | 60 | 300 | 70 |
| 2 | Cuen | 1 | 1 | 300 | 42 |
| | Cadoxen | 2 | 2 | 60 | 32 |
| | EWNN | 15 | 35 | 300 | 26 |
| 3a | Cuen | 1 | 1 | 300 | 38 |
| | Cadoxen | 1 | 1 | 300 | 50 |
| | EWNN | 25 | 55 | 300 | 36 |

*Tabelle 3. Quellstadien verschiedener Pappelzellstoffe in EWNN*

| Probe Nr. | % ungelöste Fasern | Quellbild des Rückstandes [%] I | II | III | IV |
|---|---|---|---|---|---|
| 1a | 20 | 10 | 30 | 40 | 20 |
| 1b | 70 | 14 | 22 | 14 | 50 |
| 2 | 24 | 8 | 24 | 56 | 8 |
| 3a | 38 | 16 | 36 | 32 | 16 |
| 3b | 40 | 5 | 35 | 45 | 15 |
| 4a | 40 | 5 | 30 | 40 | 15 |
| 4b | 40 | 5 | 40 | 30 | 15 |
| 5 | 54 | 3 | 46 | 18 | 33 |

Das Ergebnis dieser Auswertung zeigt Tabelle 3 anhand der Mittelwerte aus jeweils zehn Einzelversuchen. Koch- und Bleichviskosität sind offensichtlich kaum von Einfluß im Gegensatz zum „Xanthatquellungsbild" [27], während die Unterschiede zwischen Normal- und Zugholzproben deutlich hervortreten. Der prozentuale Löserückstand ist bei „gemeinsamer" und „separater" Normalholzkochung praktisch gleich, beim Zellstoff aus „gemeinsam" gekochtem Zugholz dagegen viel höher als bei dem aus „separat" gekochtem Zugholz, wobei im Falle der Probe 1b (Zugholz „gemeinsam" gekocht) die Quellstufe IV bei weitem überwiegt im Gegensatz zu allen anderen Proben mit einem Maximum bei Stufe II oder III, das ebenfalls keine gesicherte Abhängigkeit vom DP des Zugholzzellstoffs zeigt.

### 3.3. *Elektronenmikroskopische Untersuchungen zur Quellung von Pappelzellstoffen*

Nachdem die lichtmikroskopischen Untersuchungen für Cuen, Cadoxen und EWNN im Prinzip die gleichen Quellformen ergeben hatten, beschränkten wir unsere elektronenmikroskopischen Untersuchungen auf das aus methodischen Gründen besonders geeignete Cuen. Mit der *Abdruckmethode* erhält man Oberflächenansichten der Fasern, in denen die Primärwandstruktur am häufigsten, Teile der Sekundärwand seltener und Ansichten des Zellwand-Inneren nur zufällig erscheinen. Zum Vergleich zwischen Normal- und Zugholzfasern ist daher diese Methode wenig geeignet, da hier die Unterschiede gerade in den inneren Zellwandschichten liegen (normal gebaute $S_2$ gegenüber *G*-Schicht). Trotzdem sollen hier einige Bilder besprochen werden, da die elektronenmikroskopische Darstellung gefrierge-

Bild 7. Abdruck von lufttrockenem Zellstoff (Probe 1b). Aufsicht auf die Primärwand mit der Netzstruktur. Faser zeigt Trocknungsfalten. Vergr.: 20000:1

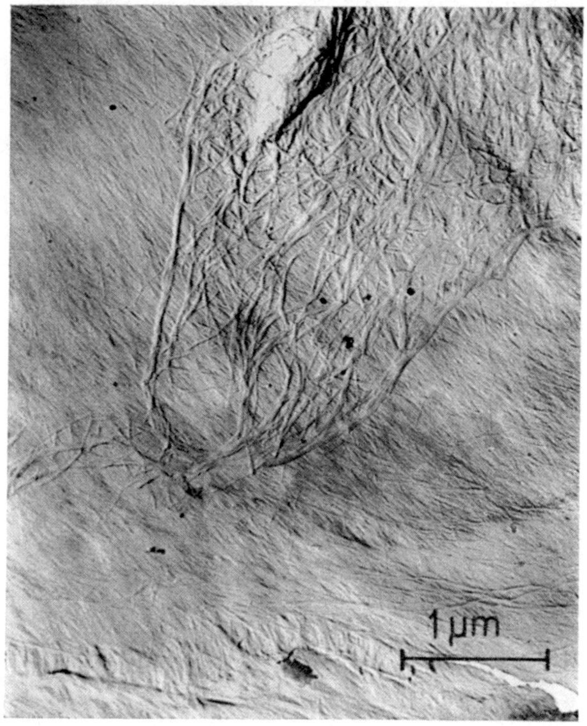


Bild 8. Abdruck von nassem, gefriergetrocknetem Zellstoff (Probe 1a). Aufsicht auf Primärwandreste und Sekundärwand. Vergr.: 20000:1

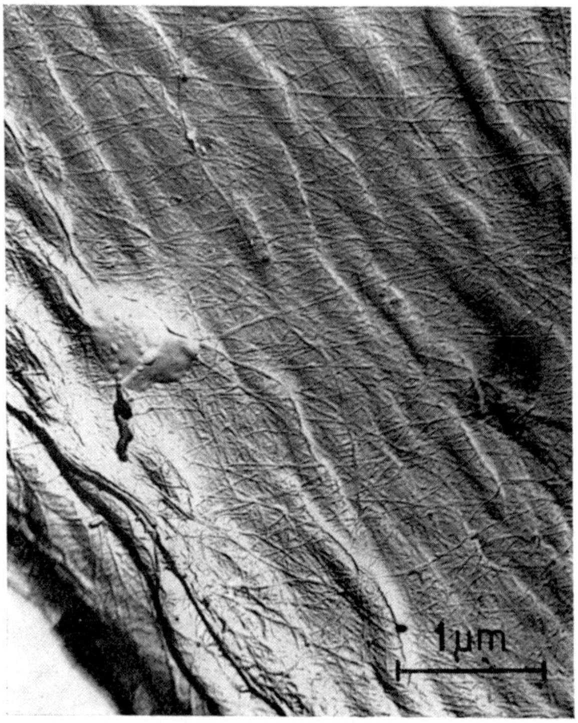


Bild 9. Abdruck von Zellstoff (Probe 1a) nach Cuen-Quellung und Gefriertrocknung. Aufsicht auf die Primärwand
Vergr.: 20000:1

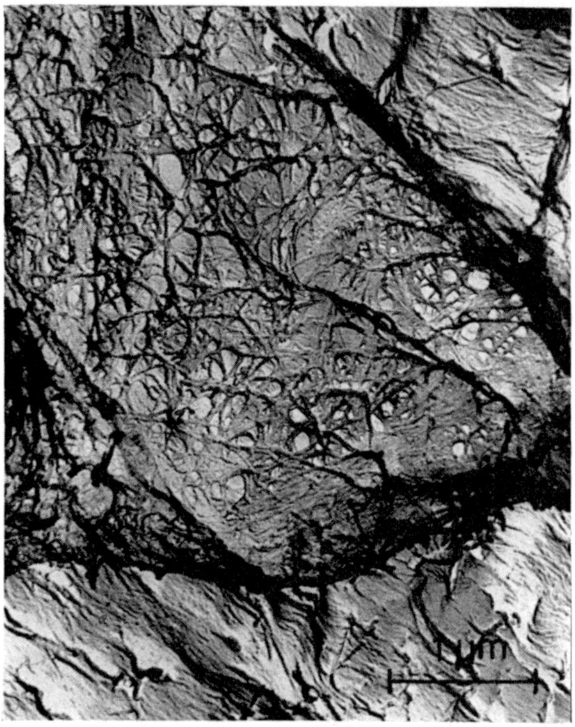


Bild 10. Abdruck von Zellstoff (Probe 1b) nach Cuen-Quellung und Gefriertrocknung. Kugelbauchquellung, Aufsicht auf die aufgerissene Primärwand und darunterliegender $S_2$
Vergr.: 20000:1

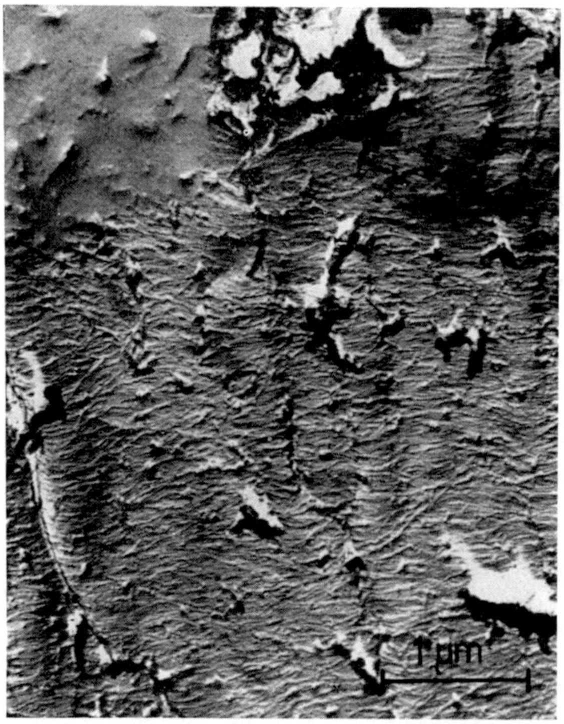


Bild 11. Abdruck von Zellstoff (Probe 1a) nach Cuen-Quellung und Gefriertrocknung. Aufsicht auf die $S_3$ und links oben Teile der Warzenschicht
Vergr.: 20000:1

trockneter Quellungszustände von Zellstoff-Fasern auch methodisch interessant erscheint. Abdrücke trockener Pappelzellstoff-Fasern zeigen in der Primärwandstruk-

Bild 12. Abdruck von Zellstoff (Probe 1b) nach Cuen-Quellung und Gefriertrocknung. Aufsicht auf die *G*-Schicht mit fast achsenparalleler Fibrillenrichtung
Vergr.: 20000:1

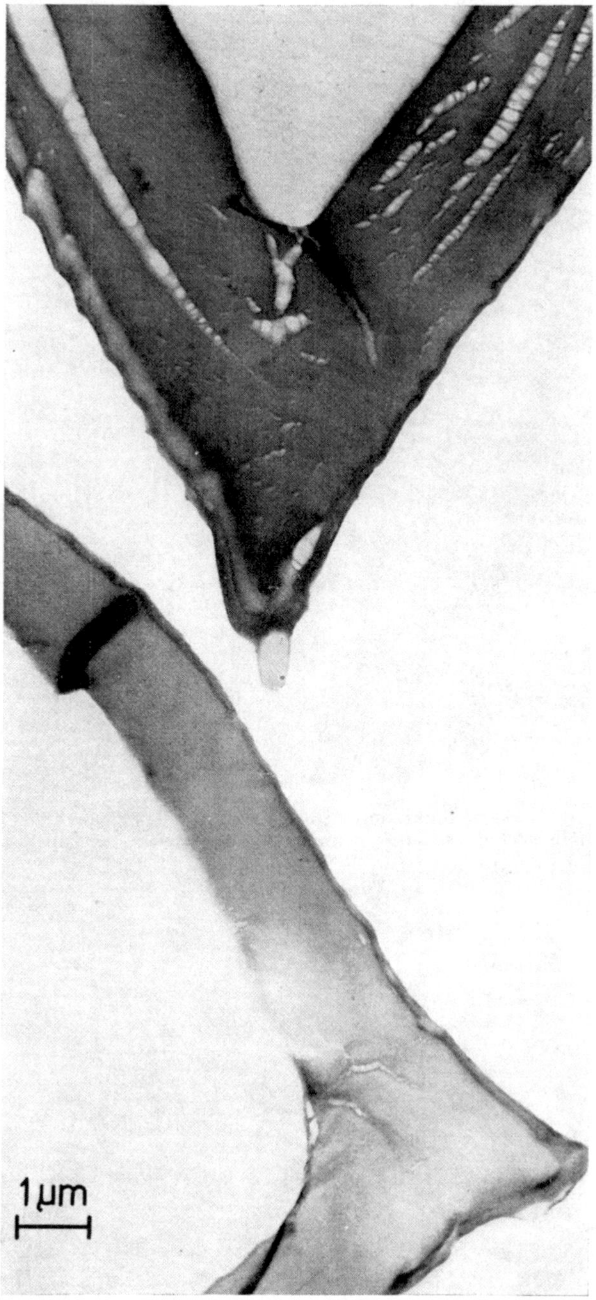


Bild 13. Ultradünnschnitt durch lufttrocken eingebetteten Zellstoff mit einer Normalholzfaser und einer Zugholzfaser (Probe 3 a)
Vergr.: 10000:1

tur Längsfaltungen (Bild 7), die den Faserverlauf auch in Ausschnittsvergrößerungen gut erkennen lassen, bei einer Quellung jedoch größtenteils verschwinden. Der Durchmesser der Mikrofibrillen der Primärwand liegt in der Größenordnung von ca. 100 Å; schon nach Wasserquellung erhöht sich dieser Wert auf ca. 150 Å, wobei die Wasserquellung in Bild 8 zugleich mit einem teilweisen Aufreißen der Primärwand und Sichtbarwerden der Sekundärwand verbunden war. Nach schwacher Quellung in Cuen ist in Bild 9 die „Kreuztextur" der

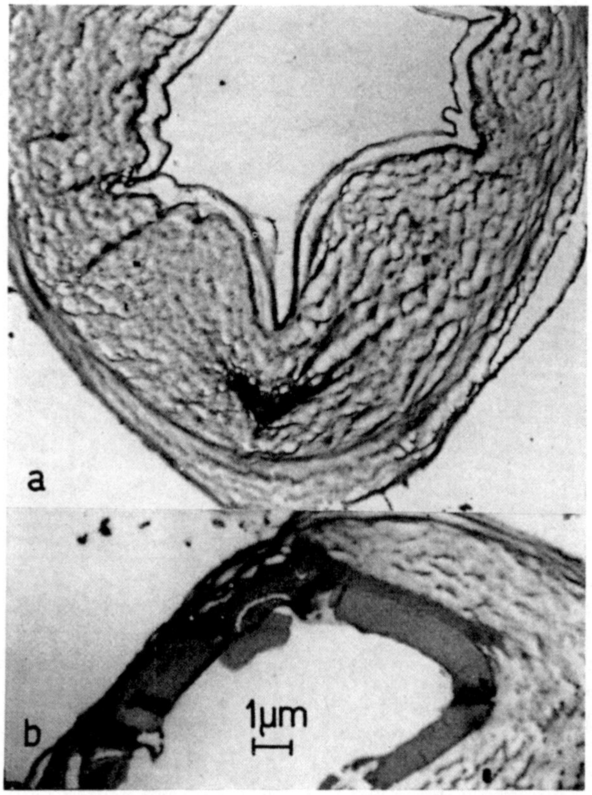


Bild 14. Ultradünnschnitt durch Cuen-gequollene und gefriergetrocknete Fasern Vergr.: 5000:1
a) Normalholz b) Zugholz (Probe 2)

Primärwand noch gut erkennbar; die Durchmesser der Mikrofibrillen liegen wie nach Wasserquellung in der Größenordnung von ca. 150 Å. Bei Einsetzen der Kugelbauchquellung werden Primärwand und $S_1$ aufgerissen, und die typische Paralleltextur der Mikrofibrillen der $S_2$ mit einer Schraubung von etwa 40° zur Faserachse wird sichtbar (Bild 10). Bild 11 zeigt eine fast quer zur Faserachse verlaufende Paralleltextur von Mikrofibrillen, wobei es sich unserer Auffassung nach um eine zufällig erhaltene Ansicht auf die „Innenseite" einer Normalholzzelle mit der $S_3$ handelt. Im oberen Teil des Bildes sind Reste einer Abschlußlamelle oder Warzenschicht zu sehen, die durch Aufschluß oder Quellung größtenteils entfernt wurde. In Bild 12 liegt offenbar der Abdruck einer angequollenen und durch Wegreißen der äußeren Zellwandschichten an die Oberfläche gelangten *G*-Schicht einer Zugholzfaser mit ihrer der Faserachse parallelen Fibrillentextur vor.

*Ultradünnschnitte* lufttrockener ungequollener Zellstoff-Fasern aus Normal- und Zugholz (Probe 1 a und 1 b) zeigen die erwarteten Unterschiede, nämlich den zweischichtigen Aufbau der Zugholzzellstoff-Faser aus $S_2$ und *G*-Schicht im Gegensatz zu der aus einer einheitlichen $S_2$ und der hier nicht sichtbaren $S_3$ bestehenden Normalholzzellstoff-Faser (Bild 13), wobei allerdings die Grenze zwischen $S_2$ und *G*-Schicht in der Faser des fertigen Zellstoffs nicht mehr so deutlich hervortritt, wie im ursprünglichen Zugholz (vgl. 13). Bild 14 zeigt eine Normalholz- und eine Zugholzfaser (Zell-

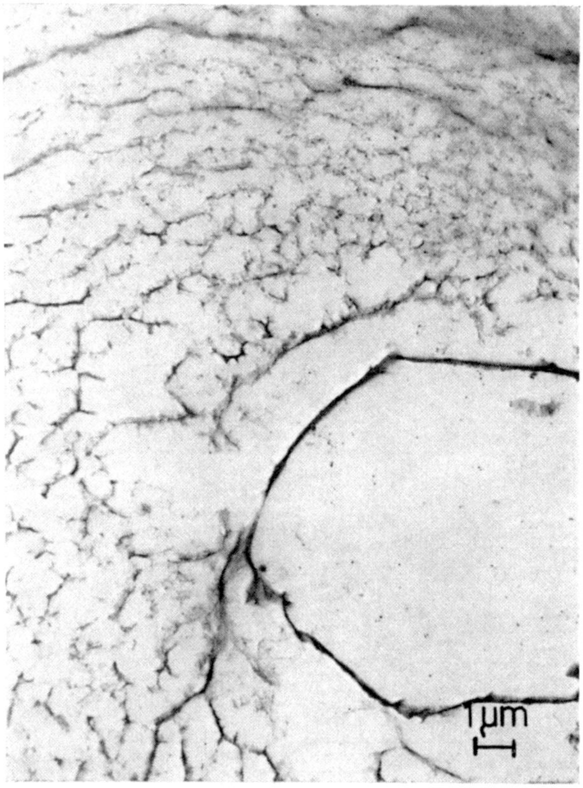


Bild 15. Ultradünnschnitt durch in Cuen stark gequollene und gefriergetrocknete Faser (Probe 1a)
Vergr.: 5000:1

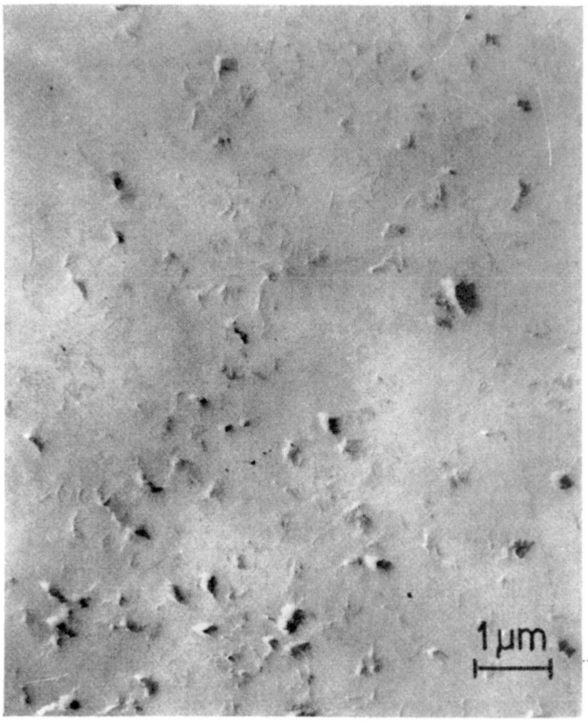


Bild 16. Ultradünnschnitt durch in Cuen sehr stark gequollene und gefriergetrocknete Normalholzfaser. Zerfall in Mikrofibrillen
Vergr.: 10000:1

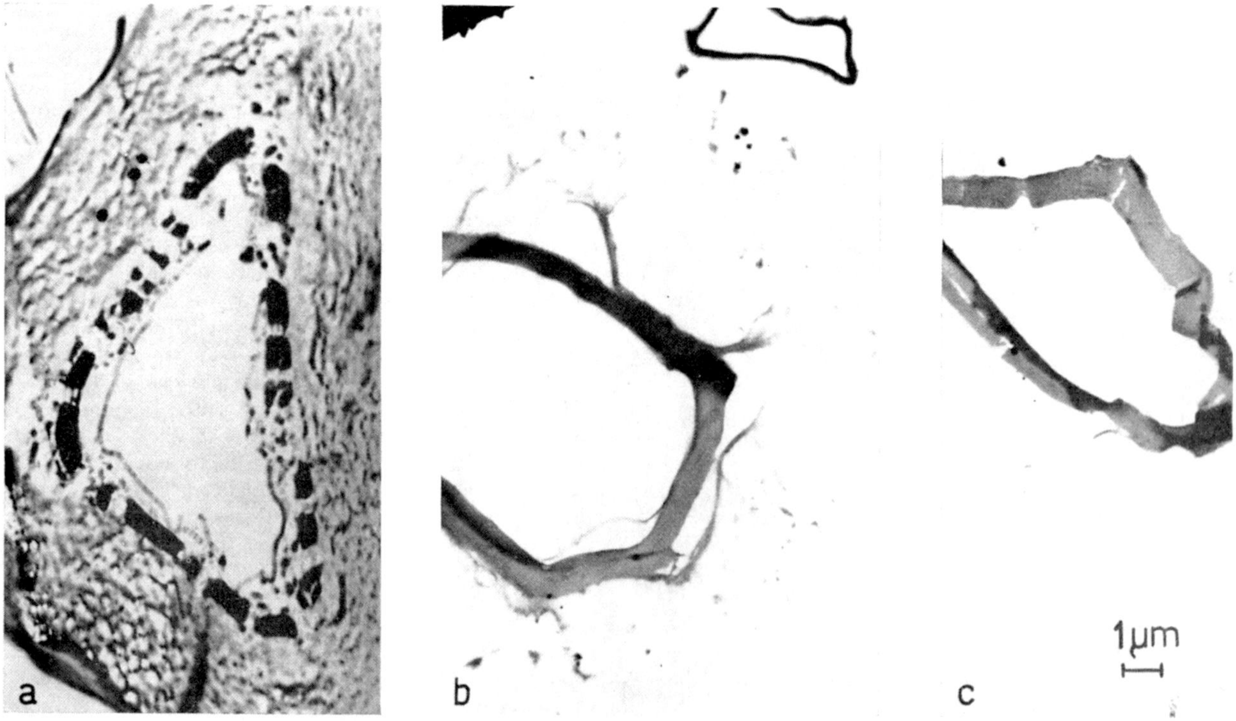


Bild 17. Ultradünnschnitt durch Cuen-gequollene und gefriergetrocknete Normalholzfaser (Probe 1b)
a) starke Quellung der $S_2$, *G*-Schicht durch den Quellungsdruck teilweise zerrissen
b) $S_2$ bis auf Reste gelöst, *G*-Schicht weitgehend ungequollen c) quellungsresistente G-Schicht nach Auflösung der $S_2$
Vergr.: 5000:1

stoffprobe 2) nach mäßiger Quellung in Cuen und anschließender Gefriertrocknung. In beiden Fällen ist die $S_2$ netzartig aufgelockert und Teile der Primärwand bzw. der $S_1$ sind außen aufgelagert. Bei der Normalholzfaser läßt sich als Begrenzung zum Lumen hin eine schmale $S_3$ erkennen, während bei der Zugholzfaser auf die schwächer ausgebildete $S_2$ eine weitgehend ungequollene *G*-Schicht folgt. Bei stärkerer Quellung einer Normalholzfaser (Bilder 15 und 16) löst sich das Netzwerk der $S_2$ allmählich in einzelne Fibrillenbündel (Durchmesser ca. 1000 Å) auf, die ihrerseits in Mikrofibrillen von ca. 150 Å Durchmesser zerfallen, wobei der Quellvorgang offenbar über eine intermicellare Quellmittel- bzw. Wassereinlagerung abläuft. Beim Quellen einer Zugholzfaser (Zellstoffprobe 1b; gemeinsame Kochung) geht die $S_2$ zunehmend in Lösung, während die *G*-Schicht ausgesprochen kompakt und kaum gequollen zurückbleibt (Bild 17a bis c). Der Quellungsdruck der $S_2$ scheint in manchen Fällen zum Zerreißen der *G*-Schicht in einzelne kompakte Stücke zu führen, wie dies besonders deutlich aus Bild 17a und in geringerem Umfange auch aus Bild 17c hervorgeht. Bei einer analogen Quellungsuntersuchung an Zugholz-Zellstoff-Fasern aus „separater Kochung" (Probe 4a) wurde häufig die gleiche strukturlos-kompakte *G*-schicht nach der Cuen-Behandlung gefunden wie in Bild 17a bis c, daneben trat hier jedoch auch im Gegensatz zur Probe 1b eine gewisse Auflockerung zu einer dichten fibrillenartigen Netzstruktur ein.

### 4. *Zusammenfassende Diskussionen und Schlußfolgerungen*

Ein Vergleich der hier angewandten Quellmittel ergibt im allgemeinen eine Zunahme der Lösekraft in der Reihenfolge Phosphorsäure < Cadoxen < Cuen < EWNN, wenn man den nach Stillstand der Quellung ungelösten Faseranteil zugrunde legt. In den Quellformen zeigen sich erhebliche Unterschiede zwischen $H_3PO_4$ einerseits, den alkalischen Quellmitteln andererseits, kaum dagegen innerhalb der zuletzt genannten Gruppe. Gewisse quantitative Unterschiede bestehen hauptsächlich hinsichtlich des Faseranteils mit Kugelbauchquellung, der in EWNN größer ist als in Cuen. Bemerkenswert erscheint das sehr unterschiedliche Quellverhalten der Einzelfasern eines Zellstoffpräparates, vor allem in der sehr rasch quellenden Cuenlösung (vgl. Bild 2). Ursache dieses breiten Spektrums der Quellformen eines Fasertyps (Zugholzfaser bzw. Normalholzfaser) in einem Zellstoffpräparat nach bestimmter Quellzeit dürfte in erster Linie eine verschieden starke Schädigung der Primärwand bei Aufschluß und Bleiche, daneben vielleicht auch die gleichzeitige Anwesenheit von Früh- und Spätholzfasern [5, 6] im gleichen Präparat sein. Das u. a. von *Correns* [9], von *Sachsse* [10] und von uns beschriebene besondere Quellverhalten der Zugholzfaser bleibt auch im fertig aufgequollenen, gebleichten und getrockneten Zellstoff eindeutig erhalten. Hingewiesen sei hier zunächst auf das von *Sachsse* [10] erwähnte System von Längsspalten und Querrissen in der Zugholzfaser. Solche Querrisse sind bereits in der ungequollenen Zugholzfaser nachweisbar, treten jedoch in der Holz- wie in der Zellstoff-Faser nach Phosphorsäurequellung besonders deutlich hervor. Nach Auffassung verschiedener Autoren [28, 29] handelt es sich hierbei um „Mikrostauchlinien" infolge von Longitudinalspannungen im Faserinneren, d. h. zwischen $S_2$ und *G*-Schicht. Diese Querrisse stehen sicher nicht in unmittelbarer Beziehung zu dem zuerst von *Dolmetsch, Franz* und *Correns* [1] und später vor allem von *Dolmetsch* [31, 32], *Lüdtke* [33] und von *Hess* [34] ausführlich beschriebenem Querzerfall der Sekundärwand bei hoher Quellung, denn bei den solche „Querrisse" hauptsächlich zeigenden Zugholz-Zellstoff-Fasern wurde ein eigentlicher Querzerfall bei hoher Quellung viel weniger und seltener beobachtet, als bei aus Normalholz stammenden Fasern; es blieb vielmehr bei den Zugholzfasern zumeist eine ausgeprägte durchlaufende Längsstruktur der Fibrillen der *G*-Schicht bis fast zur völligen Auflösung erhalten. Als zweites Charakteristikum der Zugholzzellen der hier untersuchten Labormuster muß deren im Vergleich zu Normalholzzellen viel größere Quellungsresistenz auch beim fertigen Zellstoff hervorgehoben werden. Diese Quellungsresistenz zeigt sich sowohl im langsameren Einsetzen der Quellung und in den größeren Rückstandsteilen, vor allem in EWNN, wie auch beim Betrachten der Ultradünnschnitte von Fasern aus dem Quellrückstand. Sie besteht auch nach sehr weitgehendem Abbau der Zugholz-Cellulose bei einer gemeinsamen Kochung von Zugholz und Normalholz unvermindert fort, wie ein Vergleich unserer Proben 1a und 1b ausweist. Während im nie getrockneten Fasermaterial die *G*-Schicht einer Zugholzfaser nach Quellbehandlung z. B. beim alkalischen Aufschluß noch eine gewisse Netzstruktur zeigt, die allerdings wesentlich dichter ist als die der weit aufgequollenen $S_2$ [12, 13], finden wir beim Wiederaufquellen einer lufttrockenen Zugholz-Zellstoff-Faser in einem alkalischen Quellmittel (Cuen) im Rückstand auch nach völligem Weglösen der $S_2$ zumeist eine ganz kompakte *G*-Schicht, die allenfalls unter Wirkung des Quellungsdruckes in einzelne Stücke zerbricht. Allgemein darf man wohl aus unseren licht- und elektronenmikroskopischen Aufnahmen auf eine sehr intensive und weitgehend irreversible Quervernetzung der Mikrofibrillen der *G*-Schicht über starke H-Brücken beim Trocknen initialfeuchter Zugholz-Zellstoffe schließen. Als weitere Ursache für die Quellungsresistenz der G-Schicht im fertigen Zellstoff ist außerdem das weitgehende Fehlen leicht auslösbarer Hemicellulosen [35] in dieser Zellwandschicht in Betracht zu ziehen. Allerdings gelten die hier gefundenen Ergebnisse zunächst nur für die im Labormaßstab hergestellten Zellstoffe. Es ist zu erwarten, daß die großtechnisch hergestellten Zellstoffe weniger verhornt sind und deshalb eventuell ein anderes Quellverhalten zeigen, worüber im einzelnen noch Untersuchungen angesetzt werden müßten.

### *Literatur*

[1] *Dolmetsch, H.,* *Franz, E.,* und *Correns, E.:* Zusammenhänge zwischen morphologischer Struktur und Kettenlänge bei nativen Zellulosefasern. Kolloid-Z. **106** (1944) S. 174–187.

[2] *Bucher, H.,* und *Widerkehr, L. P.:* Morphologie und Struktur von Holzfasern. Attisholz Solothurn: 1948.

[3] *Bucher, H.:* Die Tertiärlamelle von Holzfasern und ihre Erscheinungsformen bei Coniferen. Attisholz Solothurn: 1953.

[4] *Jayme, G.*, und *Harders-Steinhäuser, M.*: Zerfallsformen bei der Auflösung von Fasern als Ausdruck der Quellungsdynamik. Papier **10** (1956) S. 282—286.

[5] *Jayme, G.*, und *Harders-Steinhäuser M.*: Vorgänge beim Quellen und Lösen faserförmiger Pflanzenzellen in neuen Lösungsmitteln. Papier **14** (1960) S. 228—234.

[6] *Jayme, G.*, und *Harders-Steinhäuser, M.*: Kinematographische Erfassung der bei der Auflösung von Cellulosefasern auftretenden Querteilungsformen. Papier **18** (1964) S. 606—614.

[7] *Jayme, G.*, und *Hunger, G.*: Eine elektronenmikroskopische Studie über das Verhalten der Zellulosemikrofibrillen bei der Trocknung. Ausbildung von Ringnetzstrukturen und Fibrillensträngen. Mikroskopie **13** (1958) S. 24—38.

[8] *Haas, H.*: Untersuchungen über den morphologischen und chemischen Aufbau von Holzcellulosefasern. Makromol. Chemie **3** (1949) S. 117—131.

[9] *Correns, E.*: Über anormale Holzfasern. Paperi ja Puu **43** (1961) S. 47—62.

[10] *Sachsse, H.*: Untersuchungen über Eigenschaften und Funktionsweise des Zugholzes der Laubbäume. Schriftenreihe der Forstlichen Fakultät der Universität Göttingen, Bd. **35**. Frankfurt a. M.: Sauerländer Verlag 1965.

[11] *Jacopian, V.*, und *Casperson, G.*: Über Veränderungen der Ultrastruktur von Pappelholz durch verschiedene Aufschlußbedingungen. Faserforsch. u. Textiltechnik **17** (1966) S. 267—275.

[12] *Casperson, G.*, *Jacopian, V.*, und *Philipp, B.*: Zur Veränderung der Ultrastruktur von Pappelholz im Verlaufe verschiedenartiger Aufschlußprozesse. Svensk Papperstidn. **70** (1967) S. 702—710.

[13] *Casperson, G.*, *Jacopian, V.*, und *Philipp, B.*: Zum Einfluß verschiedenartiger Aufschlußprozesse auf die Ultrastruktur des Reaktionsholzes der Pappel. Svensk Papperstidn. **71** (1968) S. 482—487.

[14] *Jacopian, V.*, *Philipp, B.*, *Casperson, G.*, und *Schleicher, H.*: Zum Verhalten des Zugholzes der Pappel bei Aufschluß, Bleiche und Viskosierung. Zellstoff u. Papier **17** (1968) S. 376—380; **18** (1969) S. 12—15.

[15] *Philipp, B.*, *Linow, K.-J.*, und *Hahn, R.*: Viskositätsbestimmung von Zellstoffen nach der Cuoxam-Methode. Zellstoff u. Papier **16** (1967) S. 133—137.

[16] *Traube, W.*, und *Funk, A.*: Über die bei der Auflösung der Cellulose im *Schweizer*schen Reagens sich abspielenden chemischen Umsetzungen. Ber. dt. chem. Ges. **69** (1936) S. 1476—1483.

[17] *Jayme, G.*, und *Neuschäffer, K.*: Cadmiumaminkomplexbasen als Lösungsmittel für Cellulosen. Makromol. Chemie **23** (1957) S. 71—83.

[18] *Bergmann, W.*, *Hasvold, K. K.*, und *Tröften, J.*: Arbeiten über neuere Lösungsmittel für Cellulose auf der Basis von Metallkomplexen — eine Literaturübersicht. Papier **18** (1964) S. 150—158.

[19] *Jayme, G.*, und *Hasvold, K. K.*: Neuartige Charakterisierung von Zellstoffen mittels Cadoxen. Papier **20** (1966) S. 657—664.

[20] *Jayme, G.*, und *Bergmann, W.*: Über alkalische Eisen-Weinsäure-Natrium-Komplexlösungen (EWNN) und ihre Anwendung in der Cellulosechemie. Papier **12** (1958) S. 187—196.

[21] *Edelmann, K.*, und *Horn, E.*: Zur Herstellung und Anwendung der alkalischen Eisen-Weinsäure-Natrium-Komplexlösungen für die viskosimetrische DP-Bestimmung der Cellulose. Faserforsch. u. Textiltechnik **9** (1958) S. 493—500.

[22] *Jayme, G.*, und *Balser, K.*: Beiträge zur Strukturaufklärung von Viskose-Zellglas. Teil II: Elektronenmikroskopische Untersuchungen an Feuchtabdrücken und Ultradünnschnitten von nie getrocknetem Gelband. Papier **19** (1965) S. 572—581.

[23] *Teder, A.*: Elektronmikroskopiska studier av arkstrukturens förändring vid uppfuktning. Svensk Papperstidn. **67** (1964) S. 421—431.

[24] *Teder, A.*: Torkningens inverkan pa pappersmassans egenskaper. Paperi ja Puu **48** (1966) S. 629—638.

[25] *Morehead, F. F.*: Electron microscopy of the viscose reaction. Tappi, New York **46** (1963) S. 524—530.

[26] *Polčin, J.*, und *Karhanek, M.*: Bereitung von Ultradünnschnitten gequollener Cellulosefasern mit Glykolmethacrylat. Naturwissenschaften **53** (1966) S. 224 bis 225.

[27] *Avisiers, I.*, und *Hess, K.*: Über die Charakterisierung von Zellstoffen für den Viskoseprozeß durch statistische Quellstadienkurven (QS-Kurven). Holzforschung **10** (1956) S. 12—18.

[28] *Münch, E.*: Statik und Dynamik des schraubigen Baues der Zellwand, besonders des Druck- und Zugholzes. Flora **132** (1938) S. 357—424.

[29] *Dadswell, H. E.*, und *Wardrop, A. B.*: The structure and properties of tension wood. Holzforschung **9** (1955) S. 97—104.

[30] *Frey-Wyssling, A.*: Die pflanzliche Zellwand. Berlin: Springer 1959.

[31] *Dolmetsch, H.*: Beobachtungen und Gesichtspunkte, die für einen wesentlichen polymolekularen Lösungsanteil der Cellulose sprechen. Papier **16** (1962) S. 289—301.

[32] *Dolmetsch, H.*, und *Dolmetsch, H.*: Löseverhalten und Lösungszustand der Cellulose und ihrer Derivate. Papier **21** (1967) S. 53—62.

[33] *Lüdtke, M.*: Zur Morphologie und Chemie der pflanzlichen Faserzellwand. Holzforschung **4** (1950) S. 65—78.

[34] *Hess, K.*: Elektronenmikroskopie und Wandstruktur bei natürlichen Zellulosefasern. Kunstseide u. Zellwolle **28** (1950) S. 339—347.

[35] *Norberg, P. H.*, und *Meier, H.*: Physical and chemical properties of the gelatinous layer in tension wood fibres of aspen (Populus tremula L.). Holzforsch. **20** (1966) S. 174—178.

*Eingegangen am 28. August 1968*

# Zur Methodik der Polymerisationsgradbestimmung an Cellulosenitraten

## Teil II. Geschwindigkeitsgefälle, Konzentration, Substitutionsgrad, Polymerisationsgradberechnung, Fehlerkritik

*Siegfried Poller*

*Deutsche Akademie der Landwirtschaftswissenschaften zu Berlin, Institut für Forstwissenschaften in Eberswalde*

DK 547.458.82:541.24.08:541.127.1:53.088.2

Es werden Überlegungen, Versuche und Berechnungen zur Methodik der Polymerisationsgradbestimmung an Cellulosenitraten angestellt. Im vorliegenden II. Teil der Arbeit werden die Probleme des Geschwindigkeitsgefälles, des Konzentrationseinflusses, des Substitutionsgrades und der Umwertung der Viskositätszahlen in Polymerisationsgrade behandelt.

*К методике определения степени полимеризации нитроцеллюлоз*
*Часть II. Градиент скорости, концентрация, степень замещения, вычисление степени полимеризации, погрешность*

После теоретического обсуждения методики определения степени полимеризации нитратов целлюлозы проведены соответствующие эксперименты и расчеты. В данной, второй части работы рассмотрены проблемы, связанные с градиентом скорости, влиянием концентрации и степени замещения, а также с пересчетом величин характеристической вязкости на значение степени полимеризации.

*Methods for Determining the Degree of Polymerisation of Cellulose Nitrates. Part II. Rate Gradient, Concentration, Degree of Substitution, Determination of the Degree of Polymerisation and Errors*

Concept, experiments and calculations involved in methods for determining the degree of polymerisation of cellulose nitrates are discussed. The present part II deals with the problems associated with the rate gradient, concentration effects, degree of substitution and with the conversion of viscosity values into values of the degree of polymerisation.

### 1. *Einleitung*

Wie bereits im Teil I dieser Arbeit besprochen [25], erfolgt die Polymerisationsgradbestimmung in mehreren Teilschritten, von denen die Fragen der Viskositätsmessung und der *Hagenbach*-Korrektur bereits behandelt wurden. Ein nicht minder wichtiges Problem ist das des Geschwindigkeitsgefälles. Demgegenüber ist heute sowohl der Einfluß der Konzentration als auch des Substitutionsgrades der Nitrocellulose (NC) sicherer zu erfassen. Problematisch ist dagegen wieder die Umrechnung der Viskositätszahlen in Polymerisationsgrade $P$.

Es erscheint daher nützlich, von Zeit zu Zeit den methodologischen Gesamtablauf des Verfahrens anhand von Laborerfahrungen zu überarbeiten.

### 2. *Berücksichtigung des Geschwindigkeitsgefälles bei der Viskositätszahlbestimmung*

#### 2.1. *Theoretische Überlegungen*

Man trägt bisher dem Einfluß des Geschwindigkeitsgefälles $G$ in unterschiedlicher Weise Rechnung. Unbeschadet dessen sollte eine einwandfreie $P$-Bestimmung nur von der Reproduzierbarkeit der Viskositätszahlen abhängig sein. Dies scheint zumindest für Fraktionen zuzutreffen. Bei polymolekularen Substanzen ist folgendes zu erwarten:

Mit zunehmender Kettenlänge der Teilchen steigt die Strukturviskosität erheblich an. Daher muß damit gerechnet werden, daß das Verhältnis $[\eta]_0/[\eta]_G$ ($[\eta]_0$ = Viskositätszahl beim Gefälle Null, $[\eta]_G$ = Viskositätszahl beim Lösungsmittelgefälle $G$ [25]) von der Polymolekularität abhängt. Es wäre also denkbar, daß zwei Proben mit verschiedener Uneinheitlichkeit, aber gleichem Durchschnittspolymerisationsgrad bei gleichem $[\eta]_0$ unterschiedliche $[\eta]_G$ bzw. $[\eta]_{Gk}$ ($[\eta]_{Gk}$ = Viskositätszahl bei konstantem Gefälle $Gk$ [25]) haben und umgekehrt. Der letzte Fall ist von *Weßlau* [32] bei Niederdruckpolyäthylenen beobachtet worden, so daß hier nur die Ermittlung von $[\eta]_0$ eindeutig sein konnte.

Vorbehaltlich dieser Fehlermöglichkeit sind schubspannungsabhängige Viskositätszahlen zur Berechnung von $P$ brauchbar. Am einfachsten zu bestimmen ist $[\eta]_G$. Dagegen erfordert nicht nur die Ermittlung von $[\eta]_0$, sondern auch die von $[\eta]_{Gk}$ einen erheblichen Aufwand unter Verwendung eines Strukturviskosimeters.

#### 2.2. *Versuche zur Ermittlung des Zusammenhanges zwischen $[\eta]_0$, $[\eta]_{1300}$ und $[\eta]_{2800}$.*

Um auch für das Viskosimeter $B$ mit $G_{\text{Aceton}} \sim 2800\,\text{s}^{-1}$ (vgl. Teil I dieser Arbeit [25]) den Anschluß an die in Bild 3 dargestellte Relation zwischen $[\eta]_{1300}$ und dem Gewichtsmittel des Polymerisationsgrades $P_w$ zu erhalten, wurde durch vergleichende Messungen an 23 verschiedenen Präparaten der Zusammenhang zwischen $[\eta]_{1300}$ und $[\eta]_{2800}$ bestimmt. Die resultierende Kurve (Bild 1) gehorcht der Beziehung

$$[\eta]_{1300} = 1{,}097\,[\eta]_{2800}. \tag{1}$$

Damit können die für $[\eta]_{1300}$ gültigen Eichbeziehungen auf die Viskositätszahlen $[\eta]_{2800}$ erweitert werden.

An einigen Präparaten wurde mit Hilfe des Kapillar-Strukturviskosimeters $D$ [25] $[\eta]_0$ bestimmt. Damit sollte geprüft werden, ob das Verhältnis $[\eta]_0/[\eta]_{1300}$ gemäß den unter 2.1 angestellten Überlegungen von der Polymolekularität abhängig ist.

Die Messungen wurden ausgewertet, indem die für die verschiedenen Konzentrationen erhaltenen Meßwerte nach Auftragung von $\log \eta_{sp}/c$ über $h_m$ (mittlere Druckhöhe) zunächst nach $h_m = 0$ extrapoliert wurden. Anschließend wurde aus den so für jede Konzentration erhaltenen $(\eta_{sp}/c)_{G=0}$-Werten die Extrapolation nach $\eta_{sp} = 0$ durchgeführt.

In Tabelle 1 werden nur die Endergebnisse mitgeteilt. Daraus geht folgendes hervor: Die relativ hochmoleku-

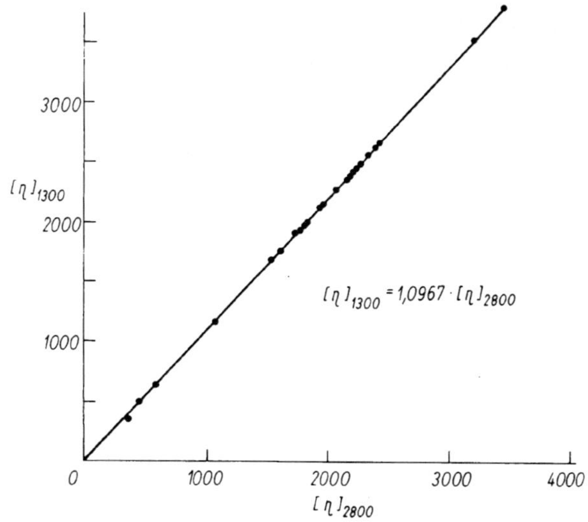


Bild 1. Zusammenhang zwischen $[\eta]_{1300}$ und $[\eta]_{2800}$

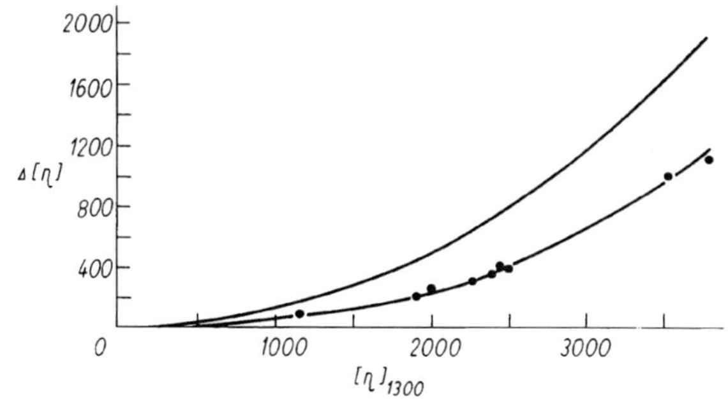


Bild 2
Zusammenhang zwischen $[\eta]_{1300}$ und $\Delta[\eta] = [\eta]_0 - [\eta]_{1300}$
obere Kurve: $\Delta[\eta]$-Werte aus den *Meyerhoff*schen Eichkurven entnommen
untere Kurve: $\Delta[\eta]$-Werte aus Tabelle 1

laren Proben F2/5 (Fraktion) sowie G1 und 4 (polymolekular) lassen eine Abhängigkeit der Differenz $\Delta[\eta] = [\eta]_0 - [\eta]_{1300}$ bzw. des Verhältnisses $[\eta]_0/[\eta]_{1300}$ von der Polymolekularität nicht erkennen. Bei niedrigeren rel. Molekülmassen ist deswegen ein solcher Effekt noch weniger zu erwarten. Im übrigen steigen die Differenzen mit der rel. Molekülmasse an und erreichen bei $[\eta]_0 = 4900$ 29,0% der beim Gefälle 1300 s$^{-1}$ gemessenen Viskositätszahl. Bei der sehr niedermolekularen Probe F1/11 ist keine Strukturviskosität mehr festzustellen.

Der Vergleich der den Eichkurven von *Meyerhoff* [17] entnommenen $\Delta[\eta]$-Werte mit den $\Delta[\eta]$-Werten der Tabelle 1 läßt auf Bild 2 erkennen, daß unsere Differenzen von den *Meyerhoff*schen um so mehr nach oben abweichen, je höher *P* ist. Die Abweichungen haben ihre Ursache in den Unsicherheiten der graphischen Extrapolation zum Gefälle Null [10, 28, 29].

Man erhält also bei der Bestimmung von $[\eta]_0$ mit Hilfe eines Kapillar-Strukturviskosimeters der üblichen Dimensionen bei größerem Arbeitsaufwand wesentlich ungenauere Werte als bei der Ermittlung von konventionellen Viskositätszahlen. Selbst beim Vorhandensein einer geeigneten Eichkurve böte die Messung von $[\eta]_0$ zum Zwecke der *P*-Bestimmung gegenüber der Ermittlung von $[\eta]_G$ keinerlei Vorteile.

*Tabelle 1. Staudingerindex $[\eta]_0$ im Vergleich zur konventionellen Viskositätszahl $[\eta]_{1300}$*

| Probe | $[\eta]_0$ | $[\eta]_{1300}$ | $\Delta[\eta]$ | $\Delta[\eta]$ in % von $[\eta]_{1300}$ |
|---|---|---|---|---|
| F1/11 | 330 | 330 | 0 | 0 |
| F1/9 | 1260 | 1160 | 100 | 8,6 |
| F1/7 | 2100 | 1900 | 200 | 10,5 |
| F1/4 | 2580 | 2270 | 310 | 13,7 |
| G1* | 2750 | 2400 | 350 | 14,6 |
| F2/5 | 2850 | 2450 | 400 | 16,3 |
| 4* | 2880 | 2490 | 390 | 15,7 |
| F1/1b | 4500 | 3520 | 980 | 27,8 |
| F1/1a | 4900 | 3800 | 1100 | 29,0 |

*) polymolekular

### 3. *Berücksichtigung des Konzentrationseinflusses bei der Viskositätszahlbestimmung*

Zur Extrapolation der Meßwerte auf die Konzentration Null bedient man sich vorteilhaft der Gleichung von *Schulz* und *Blaschke* [27]

$$[\eta] = \frac{\eta_{sp}/c}{1 + k_\eta \cdot \eta_{sp}}. \qquad (2)$$

Danach kann entweder graphisch durch Auftragung von $\eta_{sp}/c$ über $\eta_{sp}$ oder rechnerisch extrapoliert werden. Die rechnerische Extrapolation setzt die Kenntnis von $k_\eta$ voraus. Dazu liegen für den Viskosimetertyp A [25] ($G_{Aceton} \sim 1300$ s$^{-1}$) Versuche von *Husemann* und *Schulz* [4], *Münster* [20] sowie von *Marx* und *Schulz* [11] vor (Tabelle 2). Der bisher am meisten verwendete und zumindest bis zum mittleren *P*-Bereich auch mehrfach kontrollierte Wert ist der von *Husemann* und *Schulz*. Jedoch glaubte bereits *Münster* aus seinen Zahlen wie auch aus denen von *Husemann* und *Schulz* einen Gang von $k_\eta$ mit der rel. Molekülmasse entnehmen zu können. Die von *Husemann* und *Schulz* berechneten $[\eta]$-Werte stimmen aber bis auf etwa $\pm 1\%$ mit den graphisch extrapolierten überein. Vernachlässigt man weiter den bei *Münster* als einzigen herausfallenden $k_\eta$-Wert von 0,24 bei der Mittelwertbildung, so resultiert mit $k_\eta = 0{,}315 \pm 11\%$ ein Wert, der mit dem von *Husemann* und *Schulz* fast genau übereinstimmt. Demgegenüber fanden *Marx* und *Schulz* einen deutlichen Gang der $k_\eta$-Werte in Abhängigkeit von $[\eta]$ bei einem Streubereich der Einzelwerte zwischen 0,25 und 0,52, dem sich auch die von *Münster* und (bis auf die beiden obersten) die Werte von *Husemann* und *Schulz* einfügen. Mit Rücksicht auf die Streuung der Werte rechnen wir in unserem Labor unterhalb von $[\eta]_{1300} = 1500$ mit $k_\eta = 0{,}32$ und oberhalb von $[\eta]_{1300} = 1500$ mit $k_\eta = 0{,}40$. Aus den in Tabelle 3 aufgeführten Werten ist zu ersehen, daß die Übereinstimmung der rechnerisch bei verschiedenen Ausgangskonzentrationen ermittelten $[\eta]_{1300}$-Werte untereinander sowie auch mit den graphisch gewonnenen Zahlen im gesamten praktisch in Frage kommenden *P*-Bereich befriedigend ist. Die rechnerische Extrapolation darf auch bei Nitroholzlösungen, die noch gewisse Verunreinigungen enthalten, durchgeführt werden [24].

*Tabelle 2. $k_\eta$-Werte für $G_{\text{Aceton}} \sim 1300\ \text{s}^{-1}$ bei der Extrapolation nach Schulz und Blaschke*

| $k_\eta$-Wert von | höchster | niedrigster $k_\eta$-Wert | durchschnittlicher | vermessener $[\eta]_{1300}$-Bereich |
|---|---|---|---|---|
| *Husemann* und *Schulz* [4] | 0,35 | 0,275 | 0,315 ± 12% | 143···2350 |
| *Münster* [20] | 0,35 | (0,24) 0,28 | 0,304 ± 22,5% | 92···1170 |
| *Marx* und *Schulz* [10] | 0,41 | 0,25 | — | 250···4040 |

Beim Viskosimeter B [25] sind uns für $k_\eta$ bisher nur Messungen von *Keil, Jacob* und *Heinrich* [8] bekannt geworden. Die Autoren geben die Grenzwerte von $k_\eta$ im Bereich von $P = 500$ ($k_\eta = 0{,}36$) bis $P = 2000$ ($k_\eta = 0{,}52$) an und bestimmen $[\eta]_{2800}$ im übrigen nomographsich.

## 4. *Berücksichtigung des Substitutionsgrades bei der Viskositätszahlbestimmung*

Die Viskositätszahlen nehmen mit steigendem N-Gehalt zu [31]. *Marx-Figini* [12] zeigte 1962, daß der Gang der Viskositätszahlen mit dem N-Gehalt auch von $P$ abhängig ist, worauf bis dahin nur *Rüber* [26] hingewiesen hatte. Oberhalb eines N-Gehaltes von 13,8% besteht keine Abhängigkeit vom Substitutionsgrad mehr. Bei einer Korrektur auf Trisubstitution kann daher der Fehler u. U. vergrößert anstatt verkleinert werden.

Die sinnvolle Anwendung der N-Korrektur erfordert eine gleichmäßige Verteilung der Substituenten in den zu korrigierenden Präparaten. Besonders bei der Nitrierung von Holz treten jedoch bei niedriger Temperatur, kurzer Reaktionszeit und ungeeigneter Nitriersäure oft Ungleichmäßigkeiten im Reaktionsablauf auf. Daher ist auf die Einhaltung geeigneter Versuchsbedingungen zu achten [23]. Zur N-Bestimmung selbst hat sich bei uns ein volumetrisches Verfahren bewährt [22].

Es empfiehlt sich, die N-Korrektur nach dem von *Marx-Figini* [12] angegebenen Verfahren auf einen N-Gehalt von 13,8% N vorzunehmen, weil die zur $P$-Berechnung verwendeten Eichkurven meist mit Präparaten von etwa 13,8% N-Gehalt gewonnen wurden. Wegen der zu erwartenden Versuchsfehler werden zweckmäßigerweise nur Proben mit N-Gehalten unter 13,75% korrigiert. Rechnungen zeigen, daß die Korrektur sowohl an den $[\eta]_{1300}$- als auch an den $[\eta]_{2800}$-Werten angebracht werden darf.

## 5. *Berechnung der Polymerisationsgrade*

Die viskosimetrische Methode wurde in früheren Jahren mit Hilfe osmotischer Messungen geeicht [6, 9]. Die so ermittelten Relationen zwischen $[\eta]$ und $P$ sind aus den bekannten Gründen von der Polymolekularität der vermessenen Substanzen abhängig. Daher wurden etwa seit dem Anfang der 50er Jahre Eichmessungen mit Hilfe der Lichtstreuungsmethode [1, 2, 3, 5, 30] und der Ultrazentrifugentechnik [7, 14, 17, 18, 19, 21] durchgeführt. Beide Verfahren liefern mit guter Näherung und in Übereinstimmung mit der viskosimetrischen Methode das Gewichtsmittel der rel. Molekülmasse $M_w$ [15, 16].

Die bisher verwendeten Eichfunktionen $[\eta] = f(P)$ weichen z. T. erheblich voneinander ab. Diese Differenzen sind auf Unterschiede in der Beschaffenheit der untersuchten Präparate, auf abweichende Verfahrensweisen bei der Bestimmung von $[\eta]$ und auf Schwierigkeiten bei den Absolutmessungen selbst zurückzuführen. Eine richtige Beurteilung von $P$-Angaben ist daher nur bei Kenntnis des Auswerteverfahrens möglich, das leider nicht immer genannt wird. In manchen Fällen kann es auch zweckmäßig sein, nur die Viskositätszahlen anzugeben. *Marx-Figini* und *Schulz* [13] haben 1962 versucht, die bis dahin bekannt gewordenen Eich-

*Tabelle 3. Vergleich von rechnerisch und graphisch extrapolierten Viskositätszahlen $[\eta]_{1300}$*

| Probenbezeichnung | | A | M 5x | $Z_1$ | $Z_2$ | F 1/7x | Md | M 4 | M 4 |
|---|---|---|---|---|---|---|---|---|---|
| Kennzeichnung | Konz. c | NC aus α-Cell. von Fichtenholz | abgebaute NC aus Fichtenholz | NC aus Watte | | NC, Lintersfraktion | NC aus Fichtenholz | | NC-Fraktion aus Fichtenholz |
| $[\eta]_{1300}$ rechn. | $c_1$ | 820 | 1250 | 1290 | 1280 | 1880 | 2500 | 2890 | 4100 |
| $[\eta]_{1300}$ rechn. | $c_2$ | 820 | 1200 | 1260 | 1270 | 1880 | 2420 | 2850 | 4050 |
| $[\eta]_{1300}$ rechn. | $c_3$ | 820 | 1220 | 1260 | 1250 | 1880 | 2460 | 2890 | 4050 |
| $[\eta]_{1300}$ rechn. | $c_4$ | 820 | 1220 | 1260 | 1260 | 1880 | | | 4020 |
| $[\eta]_{1300}$ rechn. | $c_5$ | 820 | | | 1260 | | | | |
| | | | | | 1230 | | | | |
| | | | | | 1250 | | | | |
| $[\eta]_{1300}$ rechn. | ∅ | 820 | 1220 | 1270 | 1260 | 1880 | 2460 | 2880 | 4050 |
| $[\eta]_{1300}$ graph. | | 830 | 1210 | 1260 | 1250 | 1900 | 2440 | 2880 | 4050 |
| $f_{max}$ abs. | | −10 | +40 | +30 | ±30 | −20 | ±60 | −30 | +100 |
| $f_{max}$ in % | | 1,2 | 3,3 | 2,4 | 2,4 | 1,1 | 2,4 | 1,0 | 2,5 |

messungen durch Umrechnung auf Standardbedingungen (13,8% N, $G \sim 1200\ s^{-1}$) zu einer repräsentativen Kurve zu vereinigen, die sie oberhalb von $[\eta]_{1200} = 800$ durch die Funktion

$$\log P_w = 1{,}32 \log [\eta]_{1200} - 0{,}86 \qquad (3)$$

und unterhalb von $[\eta]_{1200} = 800$ durch die Gleichung

$$P_w = 1{,}22\,[\eta]_{1200} \qquad (4)$$

darstellten.

Auch in unserem Labor wird die Umrechnung der Viskositätszahlen in Polymerisationsgrade im wesentlichen auf der Basis der von *Marx-Figini* und *Schulz* zusammengestellten Eichwerte durchgeführt. Der Zusammenhang zwischen $P_w$ und $[\eta]_{1300}$ wird über den gesamten $P$-Bereich sehr gut durch die Beziehung

$$\log \frac{P_w}{100} = 0{,}0814 + 0{,}9240 \log \frac{[\eta]_{1300}}{100} + 0{,}1170 \left(\log \frac{[\eta]_{1300}}{100}\right)^2 \qquad (5)$$

wiedergegeben. Das Bestimmtheitsmaß der Kurve ist 99%.

Ebenso angemessen ist die Verwendung von zwei verschiedenen Formeln für den unteren und oberen $P$-Bereich. Die Gleichungen der mittleren Regressionsgeraden lauten

$$\text{für } [\eta]_{1300} < 900\text{:} \quad \log P_w = 0{,}994 \log [\eta]_{1300} + 0{,}104, \qquad (6)$$

$$\text{für } [\eta]_{1300} > 900\text{:} \quad \log P_w = 1{,}289 \log [\eta]_{1300} - 0{,}767. \qquad (7)$$

Die Bestimmtheitsmaße sind 99% und 96%. Gleichung (6) liefert fast die gleichen Ergebnisse wie Formel (4). Deshalb berechnet man $P$ bei $[\eta]_{1300} < 900$ besser nach der einfacheren Formel (4) und bei $[\eta]_{1300} > 900$ nach Gleichung (7). Die Streuung der Viskositätszahlen im $G$-Bereich 1200 bis 1300 $s^{-1}$ liegt innerhalb der Fehlergrenze der Methode.

Unter Benutzung der Beziehung (1) erhält man die folgenden Gleichungen:
für den gesamten $P$-Bereich:

$$\log \frac{P_w}{100} = 0{,}1186 + 0{,}9334 \log \frac{[\eta]_{2800}}{100} + 0{,}1170 \left(\log \frac{[\eta]_{2800}}{100}\right)^2, \qquad (8)$$

$$\text{für } [\eta]_{2800} < 820\text{:} \quad P_w = 1{,}34\,[\eta]_{2800}, \qquad (9)$$

$$\text{für } [\eta]_{2800} > 820\text{:} \quad \log P_w = 1{,}289 \log [\eta]_{2800} - 0{,}715. \qquad (10)$$

Die den Formeln (4), (5) und (7) entsprechenden Kurven sind auf Bild 3 dargestellt. Alle Beziehungen gelten für das Lösungsmittel Aceton bei einer Meßtemperatur von 20 °C. Zum Unterschied von den mit Hilfe von Absolutmethoden bestimmten Gewichtsmittelwerten $P_w$ bezeichnen wir die nach den oben genannten Gleichungen aus den Viskositätszahlen berechneten Polymerisationsgrade mit dem Symbol $P_{w\eta}$.

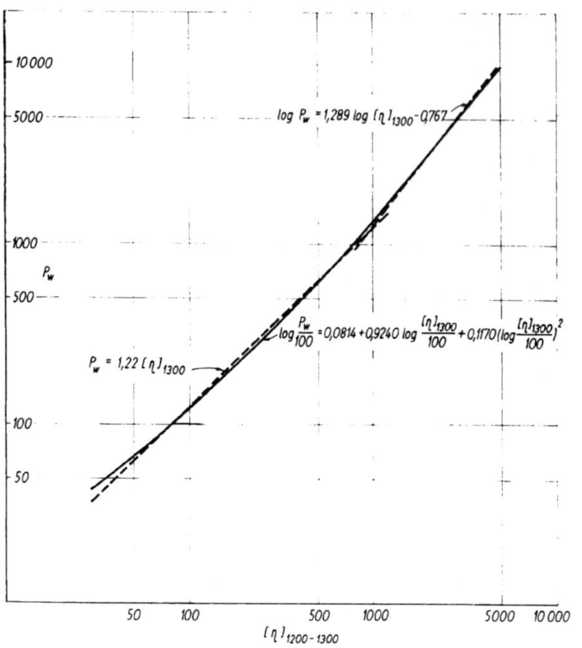


Bild 3. Zusammenhang zwischen $P_w$ und $[\eta]_{1200-1300}$ (Lösungsmittel: Aceton, Meßtemperatur 20 °C)

## 6. *Fehlerkritik zur viskosimetrischen Methode*

Tabelle 4 zeigt das Ergebnis eines Testversuches, bei dem 2 NC-Proben (Ac 1 niedermolekular, G 2 hochmolekular) und eine Nitroholzprobe, die längere Zeit im $P_2O_5$-Exsikkator aufbewahrt worden waren, in bestimmten Zeitabständen offen gewogen wurden. Die NC erleidet im Laufe von 20 min eine Gewichtszunahme von durchschnittlich 0,25%, das Nitroholz von 0,39%. Wenn die Einwaagen stets in geschlossenen trockenen Wägegläschen durchgeführt werden, dürfte der Wägefehler im Normalfall nicht über 0,2% liegen, da Cellulosenitrat im Gegensatz zur Cellulose kaum hygroskopisch ist.

Bei der Zeitmessung kann man erfahrungsgemäß im Durchschnitt mit einem prozentualen Fehler von ungefähr 0,05% rechnen.

Weitere Fehlerquellen (z. B. wechselnde Inhomogenität des Materials, Schwankungen in der Meßtemperatur, unvollkommene Lösung usw.) berücksichtigen wir durch eine Pauschale von 0,5% und durch Anbringen des Zusatzgliedes $dx/x$ in den folgenden Formeln.

*Tabelle 4. Gewichtsveränderung von getrocknetem Cellulosenitrat und Nitroholz beim Stehen an der Luft*

| Auswaage nach min | Ac 1 [%] | G 2 [%] | Nitroholz [%] |
|---|---|---|---|
| 0 | 100,00 | 100,00 | 100,00 |
| 5 | 100,10 | 100,09 | 100,15 |
| 10 | 100,17 | 100,17 | 100,27 |
| 15 | 100,20 | 100,23 | 100,35 |
| 20 | 100,23 | 100,26 | 100,39 |
| 25 | 100,23 | 100,26 | 100,39 |

*Tabelle 5. Berechnung der Maximalfehler von $\eta_{sp}$ und $\eta_{sp}/c$ bei verschiedenen Durchlaufzeiten t.* $t_0 = 85$ s $\pm$ 0,04 s, $t = x \pm 0{,}05\%$
*(Die Zahlen der Tabelle sind identisch mit den proz. Fehlern)*

| $t$ [s] | $\eta_{sp}$ | $dt/t$ $10^2$ | $dt_0/t_0$ $10^2$ | $dx/x$ $10^2$ | $d\eta_{sp}/\eta_{sp}$ $10^2$ | $dc/c$ $10^2$ | $d\eta_{sp}/c/\eta_{sp}/c$ $10^2$ |
|---|---|---|---|---|---|---|---|
| 90 | 0,0588 | 1,70 | 0,05 | 0,5 | 2,3 | 0,2 | 2,5 |
| 93,5 | 0,1000 | 1,06 | 0,05 | 0,5 | 1,6 | 0,2 | 1,8 |
| 100 | 0,1765 | 0,60 | 0,05 | 0,5 | 1,2 | 0,2 | 1,4 |
| 127,5 | 0,5000 | 0,24 | 0,05 | 0,5 | 0,8 | 0,2 | 1,0 |
| 150 | 0,7647 | 0,15 | 0,05 | 0,5 | 0,7 | 0,2 | 0,9 |
| 170 | 1,0000 | 0,15 | 0,05 | 0,5 | 0,7 | 0,2 | 0,9 |
| 200 | 1,3530 | 0,12 | 0,05 | 0,5 | 0,7 | 0,2 | 0,9 |
| 212,5 | 1,5000 | 0,12 | 0,05 | 0,5 | 0,7 | 0,2 | 0,9 |
| 255 | 2,0000 | 0,10 | 0,05 | 0,5 | 0,7 | 0,2 | 0,9 |
| 400 | 3,7059 | 0,08 | 0,05 | 0,5 | 0,6 | 0,2 | 0,8 |
| 600 | 6,0588 | 0,07 | 0,05 | 0,5 | 0,6 | 0,2 | 0,8 |
| 800 | 8,4118 | 0,06 | 0,05 | 0,5 | 0,6 | 0,2 | 0,8 |
| 1000 | 10,7647 | 0,06 | 0,05 | 0,5 | 0,6 | 0,2 | 0,8 |

*Tabelle 6. Berechnung der Maximalfehler von $[\eta]$ bei der rechnerischen Extrapolation.*
*(Die Zahlen der Tabelle sind identisch mit den proz. Fehlern)*

| $\eta_{sp}$ | 0,1 | | 0,5 | | 1,0 | | 1,5 | | 2,0 | |
|---|---|---|---|---|---|---|---|---|---|---|
| $k_\eta$ | 0,3 | 0,4 | 0,3 | 0,4 | 0,3 | 0,4 | 0,3 | 0,4 | 0,3 | 0,4 |
| $10^2\, d\eta_{sp}/\eta_{sp}$ | 1,6 | 1,6 | 0,8 | 0,8 | 0,7 | 0,7 | 0,7 | 0,7 | 0,7 | 0,7 |
| $10^2\, dc/c$ | 0,2 | 0,2 | 0,2 | 0,2 | 0,2 | 0,2 | 0,2 | 0,2 | 0,2 | 0,2 |
| $10^2\, dz/z$ | 0,3 | 0,4 | 1,5 | 1,9 | 2,5 | 3,1 | 3,2 | 3,9 | 3,9 | 4,6 |
| $d[\eta]/[\eta] \cdot 10^2$ | 2,1 | 2,2 | 2,5 | 2,9 | 3,4 | 4,0 | 4,1 | 4,8 | 4,8 | 5,5 |

Durch Logarithmieren und Differenzieren von

$$\eta_{sp} = t/t_0 - 1 \tag{11}$$

erhält man nach Division durch $c$

$$\left|\frac{d\eta_{sp}/c}{\eta_{sp}/c}\right| = \left|\frac{d\Delta t}{\Delta t}\right| + \left|\frac{dt_0}{t_0}\right| + \left|\frac{dx}{x}\right| + \left|\frac{dc}{c}\right|. \tag{12}$$

Für die Differentiale werden die endlichen Werte eingesetzt, wobei in allen Fällen $100\, dt/t = 100\, dt_0/t_0 = 0{,}05\%$ angenommen wird. Tabelle 5 zeigt die so berechneten angenäherten Fehler von $\eta_{sp}$ und $\eta_{sp}/c$. Danach ist der prozentuale Fehler von $\eta_{sp}$ bei $t = 90$ s 2,3%. Da diese Durchlaufzeit etwa eine untere Grenze darstellt, so sind 2,3% der Maximalfehler, der mit dem Ansteigen von $t$ schnell kleiner wird und bei $t = 150$ s einen ungefähr konstanten Wert von 0,6 bis 0,7% erreicht. Der Fehler in $\eta_{sp}/c$ ist stets um 0,2% größer.

Schließlich ist zu klären, wie sich die besprochenen Fehler in $[\eta]$ niederschlagen: Durch Parallelmessungen wird die gute Reproduzierbarkeit der graphisch extrapolierten Viskositätszahlen bestätigt. Man kann in Abhängigkeit von der Zahl der pro Meßpunkt ausgeführten Bestimmungen mit einer Genauigkeit von 2 bis 4% rechnen. Zur Ermittlung des Fehlers bei der rechnerischen Extrapolation folgt nach der Differentiation aus (2):

$$\left|\frac{d[\eta]}{[\eta]}\right| = \left|\frac{d\eta_{sp}}{\eta_{sp}}\right| + \left|\frac{dc}{c}\right| + \left|\frac{\eta_{sp}\, dk\eta + k\eta\, d\eta_{sp}}{1 + k\eta\, \eta_{sp}}\right|. \tag{13}$$

Aus Tabelle 6 geht hervor, daß der Fehler in $[\eta]$ bei sehr niedrigen $\eta_{sp}$-Werten in erster Linie vom Fehler in $\eta_{sp}$ diktiert wird. Oberhalb von $\eta_{sp} \sim 0{,}5$ wird er ganz überwiegend durch die Größe des Nenners in (2) bestimmt. Die Maximalfehler von $[\eta]$ liegen im Bereich von 2,1% (bei $\eta_{sp} = 0{,}1$ mit $k_\eta = 0{,}3$) und 5,5% (bei $\eta_{sp} = 2{,}0$ und $k_\eta = 0{,}4$). Daraus folgt: Der Fehler in $[\eta]$ steigt mit wachsendem $\eta_{sp}$ erheblich an. Aus diesem Grunde sollen die Konzentrationen bei den Viskositätsmessungen nach Möglichkeit so gewählt werden, daß die $\eta_{sp}$-Werte unter 1 liegen, so daß mit Maximalfehlern in $[\eta]$ von 4% zu rechnen ist.

Die nach den Formeln (4) bis (10) erhaltenen $P$-Werte sind einer näherungsweisen Berechnung zufolge im unteren Bereich der rel. Molekülmasse mit einem mittleren Fehler von ca. $\pm 6\%$, im oberen $P$-Bereich mit einem solchen von ca. $\pm 8\%$ behaftet.

## 7. *Zusammenfassung*

Es wurden Probleme der viskosimetrischen $P$-Bestimmung an Cellulosenitraten behandelt.

Die Eichbeziehung $[\eta]_{1300} = f(P)$ wurde durch Ermittlung des Zusammenhanges $[\eta]_{1300} = 1{,}097\, [\eta]_{2800}$ für Messungen mit dem Jenaer Viskosimeter Oa nutzbar gemacht. Bei der Bestimmung von $[\eta]_0$ mit einem Kapillar-Strukturviskosimeter erhält man ungenauere Werte als bei der Ermittlung von konventionellen Viskositätszahlen.

Die Extrapolation der $\eta_{sp}/c$-Werte zur Konzentration Null wird am besten mittels der Gleichung von *Schulz* und *Blaschke* [26] entweder graphisch oder rechnerisch mit $k_\eta = 0{,}32$ bei $[\eta]_{1300} < 1500$ und $k_\eta = 0{,}40$ mit $[\eta]_{1300} > 1500$ durchgeführt. Die Korrektur der Viskositätszahlen auf einheitlichen N-Gehalt von 13,8% bewerkstelligt man vorteilhaft mit der von *Marx-Figini* und *Schulz* [12] angegebenen Methode. Die Korrektur kann sowohl an den $[\eta]_{1300}$- als auch an den $[\eta]_{2800}$-Werten vorgenommen werden. Der

Zusammenhang zwischen $P$ und $[\eta]$ wird durch folgende Gleichungen wiedergegeben:

$$\log \frac{P_w}{100} = 0{,}0814 + 0{,}9240 \log \frac{[\eta]_{1300}}{100} + 0{,}1170 \left(\log \frac{[\eta]_{1300}}{100}\right)^2,$$

$$\log \frac{P_w}{100} = 0{,}1186 + 0{,}9334 \log \frac{[\eta]_{2800}}{100} + 0{,}1170 \left(\log \frac{[\eta]_{2800}}{100}\right)^2.$$

Bei Anwendung von zwei verschiedenen Formeln im unteren und oberen $P$-Bereich gilt:

für $[\eta]_{1300} < 900$ $P_w = 1{,}22\,[\eta]_{1300}$,

für $[\eta]_{1300} > 900$: $\log P_w = 1{,}289 \log [\eta]_{1300} - 0{,}767$,

für $[\eta]_{2800} < 820$: $\log P_w = 1{,}34\,[\eta]_{2800}$,

für $[\eta]_{2800} > 820$: $\log P_w = 1{,}289 \log [\eta]_{2800} - 0{,}715$.

$[\eta]$ kann mit einer Genauigkeit von 2 bis 4% bestimmt werden. Die Konzentrationen müssen so gewählt werden, daß $\eta_{sp} < 1$ ist. Die Angabe von $P_w$ ist im unteren $P$-Bereich mit einer Genauigkeit von $\pm 6\%$, im oberen $P$-Bereich mit einer solchen von $\pm 8\%$ möglich.

## 8. *Literatur*


[1] *Badger, R. M.*, und *Blaker, R. H.*: The investigation of the properties of nitrocellulose molecules in solutions by light-scattering methods. J. Phys. Coll. Chem. **53** (1949) S. 1056—1069.

[2] *Holtzer, A. M.*, *Benoit, H.* und *Doty, P.*: The molecular configuration and hydrodynamic behavior of cellulose trinitrate. J. physic. Chem. **58** (1954) S. 635 bis 640.

[3] *Hunt, M. L.*, *Newman, S.*, *Scheraga, H. A.*, und *Flory, P. J.*: Dimensions and hydrodynamic properties of cellulose trinitrate molecules in dilute solutions. J. physic. Chem. **60** (1956) S. 1278—1290.

[4] *Husemann, E.*, und *Schulz, G. V.*: Vergleichende osmotische und viskosimetrische Molekulargewichtsbestimmungen an fraktionierten und unfraktionierten Nitrocellulosen. Z. physik. Chemie B **52** (1942) S. 1—22.

[5] *Huque, M. M.*, *Goring, D. A. I.*, und *Mason, S. G.*: Molecular size and configuration of cellulose trinitrate in solution. Canad. J. Chem. **36** (1958) S. 952—969.

[6] *Immergut, E. H.*, *Schurz, J.*, und *Mark, H.*: Viskositäts-zahl-Molekulargewichts-Beziehung für Cellulose und Untersuchungen von Nitrocellulose in verschiedenen Lösungsmitteln. Mh. Chemie **84** (1953) S. 219—249.

[7] *Jullander, J.*: Studies on Nitrocellulose including the construction of an osmotic balance. Arch. Kemi Mineral. Geol. **21** A (1954) Nr. 8.

[8] *Keil. A.*, *Jacob, R.*, und *Heinrich, G.*: Vergleichende DP-Bestimmungen zur Ermittlung einer betriebssicheren Methode. Chemiefasersymposium 1962, Abh. DAW zu Berlin (1963) 1, S. 99—108.

[9] *Krässig, H.*, und *Müller, H.*: Über die Beziehung zwischen Viskositätszahl und Polymerisationsgrad bei Cellulosenitraten. Chemiker-Ztg. **78** (1954) S. 209—212.

[10] *Lang, W.*: Beitrag zur Bestimmung des DP-Grades von Nitrocellulosen mit Hilfe viskosimetrischer Messungen. Svensk Papperstidn. **59** (1956) S. 819—828; **60** (1957) S. 233—242.

[11] *Marx, M.*, und *Schulz, G. V.*: Methodisches zur Bestimmung der Viskositätszahl (Staudingerindex) von Cellulosen und Cellulosenitraten. Makromol. Chemie **31** (1959) S. 140—153.

[12] *Marx-Figini, M.*: Über den Einfluß des Substitutionsgrades auf die Viskositätszahl (Staudingerindex) von Cellulosenitraten. Makromol. Chemie **52** (1962) S. 133 bis 146.

[13] *Marx-Figini, M.*, und *Schulz, G. V.*: Die viskosimetrische Molekulargewichtsbestimmung von Cellulosen und Cellulosenitraten unter Standardbedingungen. Makromol. Chemie **54** (1962) S. 102—118.

[14] *Meyerhoff, G.*: Zur Viskositäts-Molekulargewichts-Beziehung von Cellulosenitraten verschiedener Herkunft. Makromol. Chemie **32** (1959) S. 249—251.

[15] *Meyerhoff, G.*: Über die Durchschnittswerte der Molekulargewichte makromolekularer Substanzen. Makromol. Chemie **12** (1954) S. 61—77.

[16] *Meyerhoff, G.*: Molekulargewichtsbestimmungen an verschieden scharf fraktionierten Polymethacrylsäuremethylestern. Makromol. Chemie **12** (1954) S. 45—60.

[17] *Meyerhoff, G.*: Ultrazentrifugenmessungen an Cellulosenitraten. Papier **11** (1957) S. 43—47.

[18] *Meyerhoff, G.*: Neuere Bestimmungen des Molekulargewichtes und der molekularen Konstanten von Cellulosenitraten in Lösung. J. Polymer Sci. **29** (1958) S. 399—410.

[19] *Meyerhoff, G.*: Molekulargewichtsbestimmungen an Cellulosenitraten in der Ultrazentrifuge. Naturwiss. **41** (1954) S. 13—14.

[20] *Münster, A.*: Osmotischer Druck und Viskosität polymerhomologer Nitrocellulosen. Z. physik. Chemie **197** (1951) S. 17—38.

[21] *Newman, S.*, *Loeb, L.*, und *Conrad, C.*: Viscosity, sedimentation, diffusion, and osmotic behavior of long-chain nitrocellulose molecules. J. Polymer Sci. **10** (1953) S. 463—487.

[22] *Poller, S.*: Stickstoffbestimmung an Cellulosenitraten. Faserforsch. u. Textiltechnik **18** (1967) S. 351—352.

[23] *Poller, S.*: Zur Methodik der Holznitrierung. Faserforsch. u. Textiltechnik **19** (1968) S. 124—129.

[24] *Poller, S.*: Bestimmung des Nitroligningehaltes und Einfluß von Nichtcellulosebestandteilen auf die Viskosität von Holzcellulosenitratlösungen. Faserforsch. u. Textiltechnik **19** (1968) S. 158—163.

[25] *Poller, S.*: Zur Methodik der Polymerisationsgradbestimmung an Cellulosenitraten. I. Viskositätsmessung, Hagenbachkorrektur. Faserforsch. u. Textiltechnik **19** (1968) S. 354—358.

[26] *Riiber, O.*: Der Einfluß des Stickstoffgehaltes auf die Viskositätszahl des Cellulosenitrates. Norsk Skogind. **9** (1955) S. 204—207.

[27] *Schulz, G. V.*, und *Blaschke, F.*: Eine Gleichung zur Berechnung der Viskositätszahl für sehr kleine Konzentrationen. J. prakt. Chemie **158** (1941) S. 130—135.

[28] *Timell, T. E.*: The effect of rate of shear on the viscosity of dilute solutions of cellulose nitrate. Svensk Papperstidn. **57** (1954) S. 777—788.

[29] *Timell, T. E.*: The influence of rate of shear on the viscosity concentration relationship for dilute solutions of cellulose nitrate. Svensk Papperstidn. **57** (1954) S. 844 bis 849.

[30] *Timell, T. E.*: Molecular weight of native cellulose. Svensk Paperstidn. **60** (1957) S. 836—842.

[31] *Treiber, E.*, und *Abrahamson, B.*: Gesichtspunkte zur viskosimetrischen DP-Bestimmung. Holzforschung **13** (1959) S. 161—177.

[32] *Weßlau, H.*: Die Molekulargewichtsverteilung einiger Niederdruckpolyäthylene. Makromol. Chemie **20** (1956) S. 111—142.


*Eingegangen am 25. September 1968*

**Berichtigung:**

Durch ein Versehen sind bei der Umzeichnung der Abbildungen im Verlaufe der Drucklegung des ersten Teils dieser Arbeit (Faserforsch. u. Textiltechnik **19** (1968) 8, S. 354—358) Fehler unterlaufen. Bei Bild 1 muß der Faktor der Abszissenachse $\cdot\, 10^{-4}$ heißen; bei Bild 2 sind die Faktoren an beiden Achsen in $\cdot\, 10^{2}$ zu ändern.

Analog ist in der früheren Arbeit des Verfassers in Faserforsch. u. Textiltechnik **18** (1967) 8, S. 366—372, der Faktor für die Ordinatenachse der Bilder 2 bis 4 in $\cdot\, 10^{-3}$ zu ändern.

Faserforschung und Textiltechnik 20 (1969) Heft 2


# Beitrag zur Bestimmung des Gammawertes im spinnenden Faserkabel

*Heinz Pass und Christoph Michels*[1])

*VEB Chemiefaserwerk „Wilhelm Pieck" Schwarza, Produktionsbereich Viskosefaser*

DK 677.463:[541.125:543.888]:66.094.94
546.22:546.33—36:543.257.1

Es wird von einer Methode der Gammawertbestimmung berichtet, bei der das mit einer speziellen Schneidvorrichtung aus einem spinnenden Faserkabel herausgeschnittene Probestück in kalter 2 N Natronlauge gelöst wird und nach Entfernung der Nebenprodukte durch Ionenaustausch die Ermittlung des in alkoholischer Natronlauge absorbierten Xanthogenatschwefels potentiometrisch erfolgt.

*К вопросу об определении значения γ в формующемся жгуте штапельного волокна*

Описан метод определения значения γ с вырезанием образца из формующегося жгута при помощи специального резального устройства. Получаемый образец растворяется в холодном 2 N растворе едкого натрия. После удаления побочных продуктов путем ионного обмена потенциометрическим методом определяется количество ксантогенатной серы, абсорбированной спиртовым раствором щелочи.

*Determination of the γ-value in a forming tow*

A method for determining the γ-value is presented. The sample cut out of the forming tow by a special cutting device is dissolved in cold 2 N aqueous NaOH. After removing the by-products by ion-exchange, the xanthate sulfur absorbed in alcoholic solution of NaOH is determined potentiometrically.

## 1. *Einleitung*

Der Spinnvorgang bei der Herstellung von Viskosefasern und -seiden wird durch kolloidchemische und chemische Vorgänge bestimmt. Die chemische Reaktion der Xanthogenatzersetzung läßt sich durch die Anzahl an Xanthogenatgruppen pro 100 mol Cellulose, den Gammawert, charakterisieren.

Zum Studium der Zusammenhänge zwischen den spinntechnischen Parametern (Spinnbadzusammensetzung, -temperatur, -strecke, Spinnschematas, Abzug, Verstreckung usw.) und den Fasereigenschaften (Festigkeit, Dehnung, Kräuselung usw.) ist deshalb die Kenntnis des Gammawertes im spinnenden Faserkabel notwendig.

Die Bestimmung des Gammawertes im spinnenden Faserkabel bereitet jedoch besonders hinsichtlich der Probenentnahme und der Unterbrechung der Xanthogenatzersetzung erhebliche Schwierigkeiten. Von *Mithel, Saxton* und *Morgan* [1], *Törnell* [2] und *Slavik* [3] sind Methoden ausgearbeitet worden, die in der Viskoseseidenindustrie angewendet werden können. Beim Spinnen von Matt- und Glanzviskosen mit Düsen großer Lochzahl und Lochdurchmessern von 120 bis 80 µm sind diese Methoden jedoch wegen der Problematik der Probenentnahme nicht anwendbar. Aus diesem Grunde wurde von uns eine Methode erarbeitet, die mit guter Reproduzierbarkeit die Bestimmung des Gammawertes gestattet.

## 2. *Methodische Untersuchungen*

### 2.1. *Xanthogenatzerfall und Rexanthogenierung*

Die momentane Unterbrechung des Xanthogenatzerfalls durch Neutralisation der Faserprobe ist eines der schwierigsten Probleme der Gammawertbestimmung.

Bedenkt man, daß der Gammawert des Faserkabels wenige Sekunden nach Verlassen der Düse je nach Titer und Spinnbedingungen um 5 bis 30 Einheiten tiefer liegt als in der Spinnviskose, so führt eine Neutralisationsverzögerung von nur 1 s schon zu einer erheblichen Fehlmessung. Hieraus resultiert die Forderung, daß für eine ausreichende Genauigkeit der Methode die Faserprobe in einer Zeitspanne $\leqq 0{,}1$ s in die Neutralisationslösung überführt und neutralisiert werden muß.

Zur Ermittlung der geeignetsten Neutralisationsbedingungen wurden die Neutralisationsgeschwindigkeiten verschiedener Lösungen gemessen. Hierzu wurde eine Viskose, die 0,1% Bromkresolpurpur (Halbstufenwert 6,1) enthielt, gesponnen und nach Probenentnahme durch die von uns entwickelte Schneidvorrichtung die Zeit bis zum vollständigen Umschlag des Indikators gemessen. Das Spinnbad enthielt 100 g/l Schwefelsäure, 300 g/l Natriumsulfat und 10 g/l Zinksulfat. Die Ergebnisse zeigt Tabelle 1.

Aus den Ergebnissen mußte der Schluß gezogen werden, daß die eigentliche Neutralisationsreaktion, die mit einer Geschwindigkeit $> 10^{13}$ s abläuft, nicht ausschlaggebend sein kann, sondern daß in erster Linie die Diffusion der Hydroxylionen ins Faserinnere bzw. die Diffusison der Wasserstoffionen aus dem Faserinneren die entscheidende Rolle spielt. Für Diffussionsprozesse gilt aber in erster Näherung das 1. *Fick*sche Gesetz:

$$\left(\frac{dn}{dt}\right)_x = -Dq\left(\frac{dc}{dx}\right)_t.$$

*Tabelle 1. Vergleich zwischen den Hydroxylionenkonzentrationen verschiedener Neutralisationsmedien und den ermittelten Neutralisationszeiten der aus dem spinnenden Faserkabel entnommenen Proben*

| Lösung | $C_{OH^-}$*) [mol/l] | $t$ [s] |
|---|---|---|
| $NaHCO_3$ ges. | $2{,}4 \cdot 10^{-6}$ | 60 |
| 2N $CH_3COONa$ | $3{,}4 \cdot 10^{-5}$ | 60 |
| Phosphatpuffer | $1{,}0 \cdot 10^{-4}$ | 60 |
| 2 N NaOH | 2,0 | $\leqq$ 0,7 |

*) Die Hydroxylionenkonzentration wurde berechnet.

[1]) Jetzige Anschrift von *C. Michels:* Institut für Textiltechnologie der Chemiefasern, 6822 Rudolstadt-Schwarza.

Aus der Gleichung folgt unmittelbar, daß die Neutralisationsgeschwindigkeit in erster Linie von der Hydroxylionenkonzentration bestimmt wird. Deshalb verwenden wir zur Neutralisation 2 N Natronlauge. Sie hat darüber hinaus den Vorteil, für Cellulosexanthogenat und Hydratcellulose ein gutes Lösungsmittel zu sein. Zwar wird durch dieses Neutralisationsmittel die eingangs aufgestellte Forderung der Neutralisation in 0,1 s nicht erreicht; verglichen mit den anderen Neutralisationsmitteln stellt die 2 N Natronlauge jedoch ein Optimum dar.

Positiv auf die Unterbrechung des Xanthogenatzerfalls wirkt sich noch die Tatsache aus, daß zur Neutralisation auf −10 °C abgekühlte Natronlauge verwendet wird. Hierdurch tritt eine Abkühlung der Faserprobe auf ca. 5 bis 10 °C ein, wodurch die Zerfallsgeschwindigkeit stark herabgesetzt wird.

Im Zusammenhang mit der Unterbrechung des Xanthogenatzerfalls interessiert die Frage, inwieweit durch den freien Schwefelkohlenstoff in der Probelösung eine Rexanthogenierung auftritt. Zur Klärung dieses Problems wurden weit abgereifte Viskosen mit 40 bis 100% Schwefelkohlenstoff, bezogen auf den Cellulosegehalt, versetzt und die Xanthatgruppenerhöhung gemessen.

Bei 25 °C tritt eine Xanthogenatgruppenerhöhung von 5 bis 10%, bezogen auf den Ausgangswert, ein.

Zur Verhinderung der Rexanthogenierung sind aus der Literatur im wesentlichen zwei Arbeitsrichtungen bekannt:

a) Zur Neutralisationslösung wird Äthylalkohol zugesetzt, der den freien Schwefelkohlenstoff bindet, da die Reaktionsgeschwindigkeit der Äthylxanthogenatbildung unter diesen Bedingungen größer ist als die der Cellulosexanthogenatbildung.

b) Die Proben werden bei Temperaturen zwischen −5 bis 10 °C aufbewahrt. Hierbei ist die Geschwindigkeit der Rexanthogenierung gering, so daß die Xanthogenatgruppenerhöhung auf ein Minimum reduziert wird.

Von uns wurde der unter b) beschriebene Weg beschritten, da der uns zur Verfügung stehende Ionenaustauscher WOFATIT SBW das Äthylxanthogenat wohl in reiner Lösung, nicht aber im Gemisch mit den anderen Begleitsubstanzen quantitativ absorbiert.

### 2.2. *Probenentnahme und Probenaufbereitung*

Den schematischen Aufbau der verwendeten Schneidvorrichtung zeigt Bild 1. Das Doppelmesser wird von vier Leitstäben geführt, durch zwei Spiralfedern von je 15 kp Zugkraft gespannt und durch einen Hebel arretiert. Nach Entarretierung wird aus dem Faserkabel ein 5 cm langes Probestück herausgeschlagen und durch einen Schwamm sofort in die mit Neutralisationslösung gefüllte Vinidurwanne übergeführt.

Je nach Titer werden 1 bis 2 Proben geschnitten, quantitativ in eine Flasche überführt und durch intensives Schütteln gelöst.

Die Probelösung stellt im Prinzip eine verdünnte Viskose dar, die neben den bekannten Bestandteilen noch freien Schwefelkohlenstoff enthält. Von den Nebenprodukten stört die weitere Bestimmung das Natriumtrithiocarbonat und der freie Schwefelkohlenstoff. Sie werden durch Ionenaustausch mit WOFATIT SBW bei pH 13 entfernt.

### 2.3. *Xanthogenatschwefelbestimmung*

Zur Bestimmung des Xanthogenatschwefels stehen verschiedene Methoden zur Verfügung. Die direkte Bestimmung des Xanthogenatschwefels durch Spektrophotometrie nach *Dux* und *Phifer* [4] bzw. durch Titration mit o-Hydroxymercuribenzoesäure nach *Wronski* [5] verlangt einen quantitativen Ionenaustausch, der mit dem WOFATIT SBW nicht erreichbar ist. Dehalb entschieden wir uns für die gasanalytische Methode.

Ein definierter Teil der durch Ionenaustausch gereinigten Probe wird mit 20%iger Schwefelsäure zersetzt und der Schwefelkohlenstoff in alkoholischer Natronlauge absorbiert. Die Bestimmung des Äthylxanthogenates erfolgt durch potentiometrische Titration unter Verwendung des Titrators TTT 1 und der Autobürette ABU 1b von Radiometer Kopenhagen.

Durch einen Überschuß von Cu(II)-Ionen wird das Äthylxanthogenat quantitativ als Kupferxanthogenat ausgefällt.

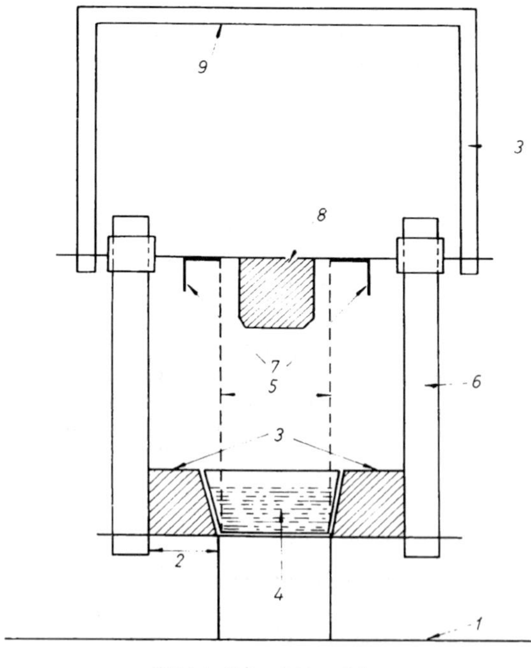


Bild 1. Schneidvorrichtung

1 Grundplatte für Unterteil
2 Grundplatte für Amboß und Leitstäbe
3 Amboß (Polyamid)
4 Vinidurwanne mit Neutralisationsmittel
5 Spiralfedern (15 kp Zugkraft)
6 Leitstäbe
7 Messer
8 Polyamidschwamm
9 Griff zum Spannen der Spiralfeder

Gesamtausführung $V_2A$-Stahl

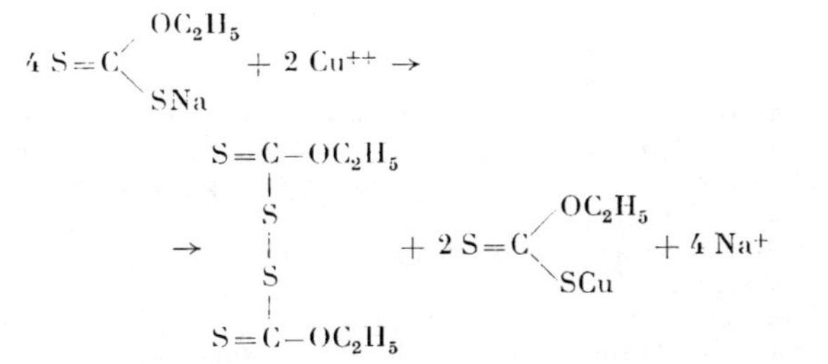

Der Überschuß an Cu(II)-Ionen wird mit ÄDTA potentiometrisch unter Verwendung folgender Meßkette zurücktitriert:

$$Hg/Hg_2Cl_2 \text{ ges.}/KCl \text{ ges.}; Cu^+, Cu^{++}/Pt.$$

Der Endpunkt liegt bei ca. —120 mV. Die zur Titration notwendige Konzentration an Cu(I)-Ionen wird durch Zugabe von etwas Ammonrhodanid erreicht.

Die Titration des Redoxpaares $Cu^+/Cu^{++}$ bietet gegenüber der direkten Titration der $Cu^{++}$-Ionen mit einer Kupferindikatorelektrode nach *Maurice* [6] den wesentlichen Vorteil, daß als Ableitelektrode eine Edelmetallelektrode verwendet werden kann.

*2.4. Cellulosebestimmung*

Die Berechnung der Cellulosemenge bzw. deren Bestimmung durch Schneiden einer parallelen Faserprobe ist nicht mit ausreichender Genauigkeit möglich. Sie wird deshalb in einem definierten Teil der Probenlösung nach Ausfällung mit 30%iger Ammoniumsulfatlösung und Zersetzung mit 10%iger Schwefelsäure gravimetrisch bestimmt.

*2.5. Reproduzierbarkeit der Methode*

Die Reproduzierbarkeit der Gammawertbestimmung wurde an verschieden abgereiften Viskosen und an geschnittenen Faserproben überprüft. Einige Ergebnisse zeigt Tabelle 2.

### 3. *Experimentelle Bestimmung des Gammawertes*

*3.1. Probenentnahme und Aufbereitung*

Mit Hilfe der beschriebenen Schneidvorrichtung wird aus dem Faserkabel ein Probestück herausgeschnitten und in 12 bis 15 ml auf —10 °C abgekühlter 2 N Natronlauge aufgefangen. Je nach Titer werden 1 bis 2 Proben entnommen, in einer 50-ml-Flasche vereinigt und die Auffangwanne mit 5 ml eisgekühlter 0,1 N

*Tabelle 2. Gegenüberstellung der aus Doppelbestimmungen in Viskosen und Faserproben nach neuer Bestimmungsmethode erhaltenen Gammawerte*

| Viskose | | | Faserprobe | | |
|---|---|---|---|---|---|
| $\gamma_1$ | $\gamma_2$ | $\varnothing\gamma$ | $\gamma_1$ | $\gamma_2$ | $\varnothing\gamma$ |
| 46,9 | 47,5 | 47,2 | 37,1 | 37,8 | 37,5 |
| 45,4 | 45,0 | 45,2 | 34,9 | 34,7 | 34,8 |
| 46,3 | 47,1 | 46,7 | 34,3 | 33,3 | 33,8 |
| 45,7 | 46,1 | 45,9 | 28,1 | 28,1 | 28,1 |
| 38,9 | 38,0 | 38,5 | 26,9 | 26,6 | 26,8 |

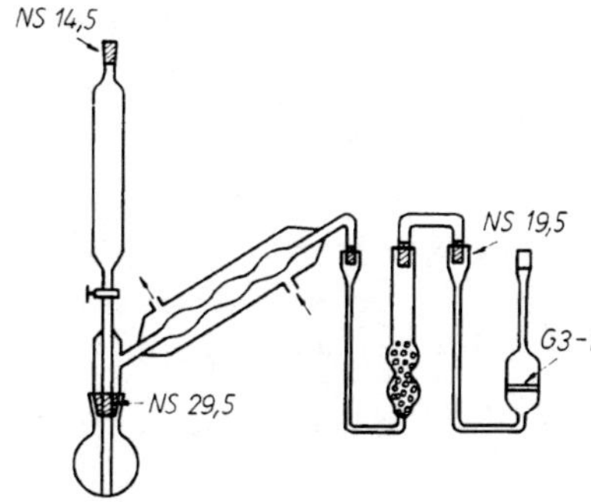


Bild 2. Austreibungsapparatur

Natronlauge ausgespült. Die Faserproben sind anschließend durch intensives Schütteln vollständig zu lösen. Erfolgt keine sofortige Weiterverarbeitung, werden sie bei —10 °C im Kühlschrank aufbewahrt.

Zur Abtrennung der störenden Ionen wird die Probe auf ca. 50 ml mit dest. Wasser verdünnt, 30 ml abpipettiert und dann in einem Standzylinder weiter auf 300 ml mit dest. Wasser verdünnt. Mit einer Durchlaufgeschwindigkeit von 12 bis 15 ml pro Minute ist diese Lösung über den Ionenaustauscher zu schicken. Die erste Fraktion (60 bis 70 ml) wird verworfen, die zweite Fraktion (200 bis 230 ml) dient zur Schwefelkohlenstoffbestimmung.

Die Austauschersäule enthält ca. 30 ml WOFATIT SBW. Die Regenerierung erfolgt mit 2 N Natronlauge. Vor dem Austausch ist die Säule durch Spülen mit dest. Wasser und 0,1 N NaOH auf pH = 13 einzustellen.

*3.2. Schwefelkohlenstoffbestimmung*

Zur Schwefelkohlenstoffbestimmung werden 200 ml der anionengetauschten Lösung abpipettiert und in der Austriebsapparatur (Bild 2) eingesetzt.

Von den beiden Absorptionsröhrchen enthält das erste 5 ml 3%ige Cadmiumacetatlösung, die gleichzeitig an Natriumchlorid gesättigt ist, während die Füllung des zweiten aus 30 ml 0,5 N alkoholischer Natronlauge besteht. Das Schwefelkohlenstoffabsorptionsröhrchen wird zur Ermittlung von Verdampfungsverlusten vor und nach der Austreibung gewogen. — Die Austreibung wird nach Zusatz von 150 ml 20%iger Schwefelsäure zur Probelösung während 75 min unter schwachem Stickstoffstrom betrieben.

Nach Beendigung der Austreibung wird die alkoholische Natronlauge gut durchmischt und 10 ml abpipettiert. Diese Lösung läßt man in 20 ml einer 0,02 N Kupferacetatlösung, die gleichzeitig 0,2 N an Essigsäure ist, unter starkem Rühren einfließen. Hierbei wird die alkoholische Natronlauge durch die Essigsäure neutralisiert und gleichzeitig ein pH-Wert zwischen 5 und 6 aufrechterhalten.

Nach mindestens 20 min Standzeit ist die Probe durch eine G4-Fritte in das Titrationsgefäß zu filtrieren und der Niederschlag 3- bis 4mal auszuwaschen.

Zur Titration wird die filtrierte Probe auf ca. 60 ml mit dest. Wasser verdünnt, mit 1 ml 10%iger Ammonacetat- und 1 ml 5%iger Ammonrhodanidlösung versetzt, auf 40 bis 45 °C unter Rühren erhitzt und potentiometrisch gegen 0,02 N ÄDTA titriert (Verbrauch $= a$ ml). Unter gleichen Bedingungen ist ein Blindwert durchzuführen (Verbrauch $= b$ ml).

$$\text{mg } CS_2 = \frac{(b - a) \cdot 1{,}52 \cdot 3 \cdot d}{C};$$

$C$ = Gewicht der Absorptionslösung vor der Austreibung,
$d$ = Gewicht der Absorptionslösung nach der Austreibung.

*3.3. Cellulosebestimmung*

10 ml der auf ca. 50 ml verdünnten Probe werden in ein 100-ml-Becherglas abpipettiert und mit 10 ml 30%iger Ammonsulfatlösung sowie 30 ml 10%iger Schwefelsäure versetzt. Die Probe bleibt mindestens 30 min stehen und wird dann durch eine G3-Fritte abfiltriert, säurefrei gewaschen und 2 h bei 105 °C getrocknet.

$$\text{mg Cellulose} = \text{Auswaage} \times 2.$$

*3.4. Berechnung*

Der Gammawert ergibt sich zu:

$$\gamma = \frac{\text{mg } CS_2 \cdot 213{,}16}{\text{mg Cell}}.$$

*4. Zusammenfassung*

Es wurde neben der Entwicklung einer Schneidvorrichtung eine Methode beschrieben, die es ermöglicht, bei Verwendung von Düsen mit großer Lochzahl in dem ersponnenen Faserkabel den Xanthogenatschwefel gut reproduzierbar zu ermitteln.

Die erarbeitete Bestimmungsmethode ist auch zur Ermittlung der Gammawerte in modifizierten Viskosen geeignet, bei denen vor allem bei Einsatz kurzkettiger Amine infolge der Dithiocarbamatbildung die meist in den Laboratorien angewandten Bestimmungen nach *Fock* und *Laub* versagen.

*Literatur*

[1] *Mithel, B. B., Saxton, W. R., Morgan, I. E.,* und *Witkamp, J.:* Einige Untersuchungen in Verbindung mit dem Spinnen hochfester Kunstseide aus 100%igem Holzzellstoff. Tappi, New York **42** (1959) 7, S. 559—565.
[2] *Törnell, B.:* Bestimmung von Xanthatgruppen von Viskosefäden während des Spinnens. Svensk Papperstidn. **67** (1964) 19, S. 756—763.
[3] *Slavik, V. L.,* und *Kozler, M.:* Bestimmung des Gammawertes in der Viskosefaser. Chem. Vlakna, Svit (Chem. Fasern) **15** (1965) 1, S. 18—25.
[4] *Dux, J. P.,* und *Pfifer, L. H.:* Bestimmung von Xanthatschwefel in Viskose. Analytic. Chem. **29** (1957) 12, S. 1842—1845.
[5] *Wronski, M.:* Merkurimetrische Bestimmung von Schwefelverbindungen in Viskose. Z. analyt. Chemie **183** (1961) 5, S. 361—364.
[6] *Maurice, M. J.:* Die Bestimmung des Schwefels und seiner Verbindungen in Reyon. Textile Res. J. **27** (1957) 10, S. 774—782.

*Eingegangen am 9. August 1968*

# Dichtebestimmung an Faserstoffen

## III. Eigene Untersuchungen: Meßeinrichtung und Meßverfahren [1])

*Friedrich Winkler, Gerhard Homann und Wolfgang Götze*

*Deutsche Akademie der Wissenschaften zu Berlin, Institut für Faserstoff-Forschung in Teltow-Seehof*

DK 677.1/.5:531.754:53.084

Die Entwicklung und der Aufbau einer Dichtemeßapparatur werden beschrieben, mit der die Dichte für die verschiedensten Faserstoffe nach dem Schwebeverfahren mit Konzentrationsvariation — Verfahren mit homogener Mischung der Prüfflüssigkeit — bestimmt wurde. Der Einfluß der Meßflüssigkeit auf die Dichte wurde untersucht. Die Genauigkeit des Meßverfahrens wird angegeben.

*Копределению плотности волокнистых материалов*
*III. Экспериментальные исследования: прибор и методы измерения*

Описана конструкция измерительного прибора, примененного для определения плотности различных волокон по методу флотации при различных концентрациях (метод гомогенного смешивания жидкой среды). Изучено влияние жидкости на результаты измерения плотности. Приведены данные о точности метода.

*Determination of the Density of Fibres*
*III. Experimental Investigations: Devices and Methods*

A measuring apparatus has been devised and used for determining the density of various fibres by floating the sample in a homogeneous mixture of liquids at varying concentration of the components. The effect of the liquids applied on the data obtained was investigated. The accuracy of the method is discussed.

*1. Allgemeine Zielstellung*

Die in unserer Veröffentlichung [4] zusammengestellten Dichtewerte für die verschiedensten Faserstoffe zeigen, daß vor allem das Bestimmungsverfahren und die verwendeten Meßflüssigkeiten einen sehr großen Einfluß auf die gemessenen Dichtewerte ausüben.

Ziel unserer eigenen Arbeiten war es, eine Dichtemeßeinrichtung zu entwickeln, die bei genügender Meßgenauigkeit und sinnvoll begrenztem apparativem Aufwand sowohl in der allgemeinen Prüfpraxis, als auch für Serienmessungen in der Industrie ökonomisch und ohne große Schwierigkeiten einsetzbar ist. Dabei sollten möglichst alle handelsüblichen Faserstoffe (Dichtebereich etwa 0,90 bis 1,55 g/cm$^3$) gemessen werden können.

[1]) II s. [5]

Überlegungen zur erforderlichen Meßgenauigkeit des Verfahrens führten zu der Erkenntnis, daß bei dem relativ engen Dichtebereich aller Faserstoffe eine Angabe mit zwei Dezimalstellen als zu ungenau abgelehnt werden muß. Eine Angabe mit vier oder gar fünf Dezimalstellen führt andererseits wieder zu einem so großen apparativen Aufwand und so großen Versuchszeiten, daß das Verfahren unwirtschaftlich wird und keine Aussicht für einen Einsatz in der allgemeinen Prüfpraxis hat. Diese hohe Meßgenauigkeit ist zwar für die Bestimmung von Strukturunterschieden oft gefordert worden, andererseits weisen aber viele Autoren (z. B. *K. Lauer* und *U. Westermann* [2]) darauf hin, daß die Dichtebestimmung wenig geeignet ist, um Einblicke in die Faserstruktur zu gestatten. Unter Berücksichtigung aller dieser Überlegungen schien daher eine Angabe der Dichtewerte mit drei Dezimalstellen am sinnvollsten zu sein.

Von den in unserer Veröffentlichung [5] näher beschriebenen Verfahren wurde auf Grund der von den verschiedensten Autoren geschilderten Vor- und Nachteile das Schwebeverfahren mit Konzentrationsvariation als das zunächst vorteilhafteste gewählt. Von vielen Autoren wird ganz klar darauf hingewiesen, daß die Schwebeverfahren die höchste erzielbare Genauigkeit zulassen. Es zeigte sich später, daß bei einer Angabe der Dichtewerte mit drei Dezimalstellen zusätzlich eine gewisse Temperaturvariation möglich ist, weil sich dabei ohne wesentliche Erhöhung der Meßfehler eine weitere Vereinfachung der Versuchsdurchführung ergibt. Wegen der nicht überall vorhandenen Kühlmöglichkeit wird als Prüftemperatur +25 °C, die auch von den meisten anderen Autoren verwendet wurde, gewählt. Bei dieser Temperatur wirkt sich die Korrektur der bei 15 °C geeichten Aräometer erst auf die vierte Dezimale des Dichtewertes aus. Sie kann daher noch vernachlässigt und der abgelesene Aräometerwert direkt als Dichte des Prüflings angesehen werden. Zur Erleichterung des Erreichens des Schwebezustandes wurde die Temperaturvariation zu ± 1 grd gewählt. Da die meisten der für die Dichtebestimmung gewählten Lösungsmittel und ihre Mischungen bei 25 °C eine Dichteänderung von etwa 0,001 g/ml je grd aufweisen, bedeutet dies zwar schon einen Einfluß auf die dritte Dezimale des Dichtewertes, gestattet aber andererseits eine letzte Feineinsteuerung des Schwebezustandes um ± 0,001 g/cm$^3$ mit Hilfe der Temperaturvariation. Da also weder die Konzentration noch die Temperatur in zu engen Grenzen konstantgehalten werden müssen, läßt sich der Schwebezustand bei einiger Übung relativ schnell erreichen. Das zu entwickelnde Verfahren sollte es weiterhin ermöglichen, sowohl an Fasern unterschiedlichen Wassergehalts als auch an aus verschiedenen Produktionsstufen entnommenen Fasern (z. B. spinnfeuchten Fasern) die Dichte feststellen zu können. Es mußte daher ohne Evakuieren oder Vortrocknen der Fasern gearbeitet werden. Schon von *J. Juilfs* [1] wird darauf hingewiesen, daß sich die Faserprüflinge mit dem Schwebeverfahren gut vermessen lassen und die Bedeutung der Lufteinschlüsse bisher überschätzt worden ist. Als weiterer Vorteil des Schwebeverfahrens ist zu nennen, daß beliebig kleine Faserprüflinge gemessen werden können, gegebenenfalls sogar Einzelfasern. Wir verwendeten in den meisten Fällen etwa weizenkorngroße Faserflocken.

## 2. *Die Versuchseinrichtung*

Da wir uns aus den im vorhergehenden Abschnitt geschilderten Gründen für das Schwebeprinzip mit Konzentrations- und Temperaturvariation entschieden hatten, mußte die aufzubauende Meßeinrichtung eine gut wirksame Mischanordnung für die beiden Flüssigkeitskomponenten enthalten. Weiterhin mußte sich ein Thermometer ständig in der Meßflüssigkeit befinden, um die Temperatur sicher überwachen und auf 0,1 grd genau angeben zu können. Die Form des die Flüssigkeit enthaltenden Gefäßes sollte so beschaffen sein, daß die Flüssigkeitsdichte möglichst im Gefäß selbst mit Hilfe geeichter Aräometer schnell festgestellt werden kann.

### 2.1. *Die Vorstufen der Versuchseinrichtung*

Die einfachste Möglichkeit der Durchmischung zweier Flüssigkeiten stellt ein einfacher Laborrührer dar, wie ihn das Bild 1 zeigt. Für die Anwendung bei der Dichtebestimmung von Faserstoffen ist er aus mehreren Gründen ungeeignet. Die Vermischung der Flüssigkeiten geschieht vorzugsweise in horizontaler Richtung, in vertikaler Richtung bilden sich sehr leicht Zonen unterschiedlicher Dichte aus, wie dies vor allem beim Zusetzen der leichten Komponente durch die entstehende Schlierenbildung beobachtet werden konnte. Ein eingebrachter Faserprüfling wirbelt regellos in der Flüssigkeit umher, und eine eindeutige Beurteilung des Schwebezustandes ist nicht möglich.

Die Verwendung eines perforierten Rührrohres mit unregelmäßig über den Umfang verteilten Bohrlöchern von etwa 2 mm Durchmesser, wie im Bild 2 dargestellt, führte zu gewissen Verbesserungen. Da der Prüfling im Rohr untergebracht werden kann, wird sein Bewegungsraum eingeengt.

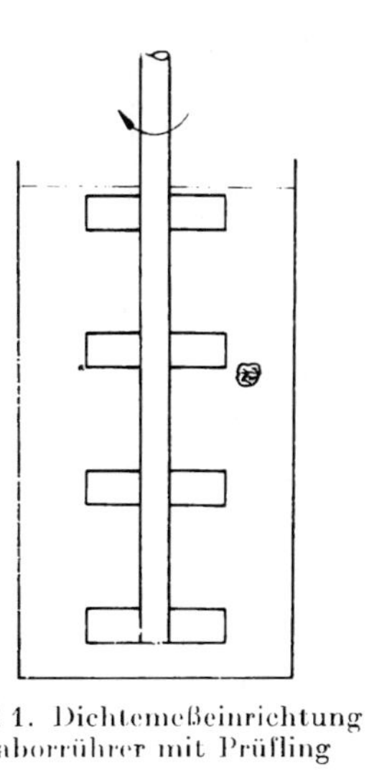

Bild 1. Dichtemeßeinrichtung
Laborrührer mit Prüfling

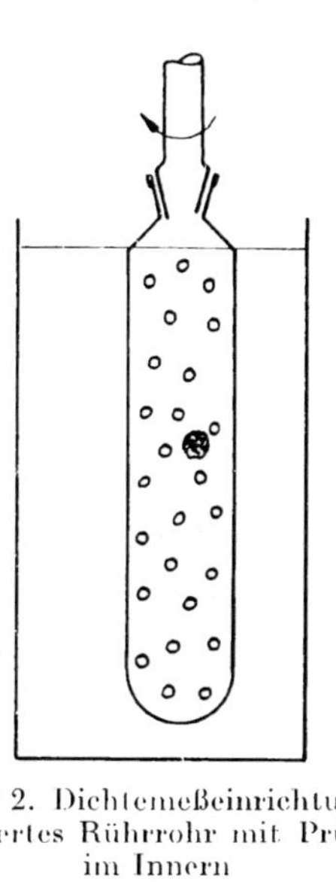

Bild 2. Dichtemeßeinrichtung
perforiertes Rührrohr mit Prüfling
im Innern

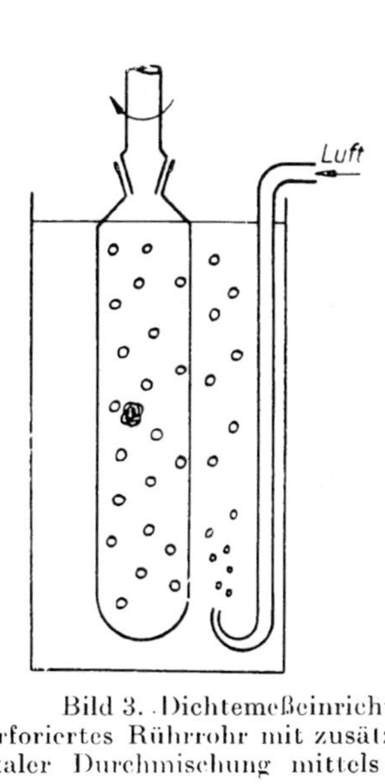


Bild 3. Dichtemeßeinrichtung
perforiertes Rührrohr mit zusätzlicher vertikaler Durchmischung mittels Luftstrom

Die Beurteilung des Schwebezustandes des Prüflings ist nach Abstellen des Rührers und Beruhigung der Flüssigkeit leichter möglich. Es geschieht aber mitunter, daß der Prüfling in den Perforationslöchern hängen bleibt und so das Schweben nicht beurteilt werden kann. Weiterhin bleibt bei dieser Ausführung des Rührers aber nach wie vor die Schwierigkeit der guten Durchmischung in vertikaler Richtung.

Bild 3 zeigt die gleiche Rührvorrichtung. Durch zusätzliches Einsetzen einer Luftleitung, die an ihrem unteren Ende eine aufwärts gerichtete Glasfritte trägt, kann durch die entstehenden feinen Luftblasen mit einfachen Mitteln eine bedeutende Verbesserung der vertikalen Durchmischung erreicht werden. Wegen der vom Luftstrom mitgerissenen Lösungsmitteldämpfe ist das Arbeiten mit dieser Versuchseinrichtung jedoch nicht angenehm.

Eine weitere Verbesserung bedeutete daher die im Bild 4 schematisch dargestellte Versuchseinrichtung. An Stelle des aufwärts gerichteten Luftblasenstromes wurde nunmehr eine gläserne Luftstrahlpumpe für die vertikale Durchmischung der Meßflüssigkeit eingesetzt. Die so nach oben geförderte Flüssigkeitsmenge betrug etwa 50 ml/min. Sie war für eine in möglichst kurzer Zeit zu erzielende gute vertikale Durchmischung völlig ausreichend. Das etwa 1,5 l Meßflüssigkeit fassende Glasgefäß stand hierbei in einer Thermostatenwanne.

Zur Verbesserung der Durchmischung der Meßflüssigkeit und der genaueren Kontrolle des Schwebezustandes der Probe wurde schließlich als letzte Vorstufe der Versuchseinrichtung die im Bild 5 schematisch dargestellte Apparatur verwendet. Hierbei ist die Meßflüssigkeit in zwei getrennten Glasbehältern, die unten durch ein Rohr miteinander verbunden sind, untergebracht. Der Behälter 1 besteht im Prinzip nur aus der mit einem Temperiermantel umgebenen Luftstrahlpumpe. Durch die Übertragung der Flüssigkeit mittels der Luftstrahlpumpe von dem Behälter 1 in den Behälter 2 tritt zwangsläufig ein Homogenisieren ein, und es kann auf einen Rührer verzichtet werden. Der Behälter 2 ist zur besseren Temperaturhaltung von einem evakuierten Glasmantel umgeben. Der Prüfling befindet sich in einem in den Behälter 2 einsetzbaren Meßrohr mit Siebboden. Konzentrationsändernde Zusätze können entweder direkt in den Behälter 2 oder auch von oben in die Luftstrahlpumpe 1 eingefüllt werden. Falls sich dann eine zu große Flüssigkeitsmenge in dem gesamten System befindet, kann der Überschuß durch einen am Verbindungsrohr angebrachten Hahn abgenommen werden. Während des Durchmischens ist das den Prüfling enthaltende Meßrohr wiederholt so weit herauszuziehen, daß der Prüfling selbst beim Ablaufen der Flüssigkeit durch den Siebboden in den Behälter 2 noch in der Flüssigkeit verbleibt. Beim jeweiligen Eintauchen des Meßrohres füllt sich dieses dann mit der korrigierten Mischung. Ist das richtige Mischungsverhältnis nahezu erreicht, wird der Prüfling mit Hilfe eines Glasstabes in die mittlere Höhe des Meßrohres gebracht und der Schwebezustand über längere Zeit beobachtet. Nötigenfalls ist die Flüssigkeitsdichte dabei noch zu korrigieren. Wenn der Schwebezustand als erreicht angesehen werden kann, wird das Meßrohr herausgehoben und an seiner Stelle das Aräometer zur Dichtemessung eingesetzt. Mit Meßrohren unterschiedlicher lichter Weite konnte der für die Bestimmung des Schwebezustandes günstigste Meßrohrdurchmesser ermittelt werden. Die beschriebene Apparatur erwies sich vor allem dann als vorteilhaft, wenn mit einer geringen Menge Meßflüssigkeit gearbeitet werden muß (z. B. bei teuren Lösungsmitteln). Gegenüber der vorher beschriebenen Versuchseinrichtung hatte sie aber auch einige Nachteile, z. B., daß das Meßrohr zum Einsetzen des Aräometers jeweils entfernt werden mußte, die Probe dabei mit Luft in Berührung kam und teilweise am Siebboden hängenblieb.

### 2.2. *Die endgültige Meßeinrichtung*

Auf Grund der mit den Versuchseinrichtungen nach Bild 4 und 5 gemachten Erfahrungen wurde schließlich die in Bild 6 schematisch dargestellte endgültige Meßeinrichtung entwickelt. Sie besteht ebenfalls aus zwei kommunizierend verbundenen Gefäßen 1 und 2 mit einem Gesamtfassungsvermögen von etwa 2 l. Der Durchmesser des Mischgefäßes 1 beträgt etwa 70 mm, der des Meßgefäßes 2 etwa 60 mm. Im Mischgefäß 1

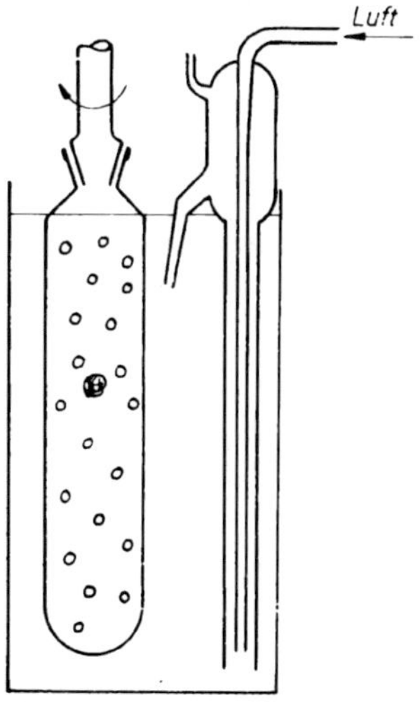


Bild 4. Dichtemeßeinrichtung — perforiertes Rührrohr mit verbesserter vertikaler Durchmischung mittels Luftstrahlpumpe

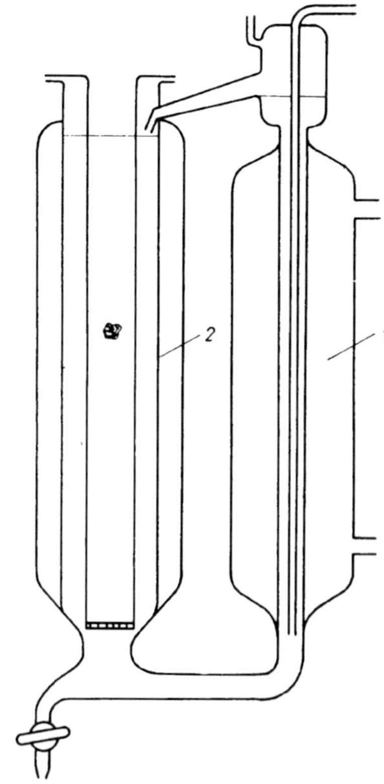


Bild 5. Dichtemeßeinrichtung — zwei kommunizierend verbundene Gefäße, bestehend aus:
1 Luftstrahlpumpe mit Temperiermantel
2 wärmeisolierter Behälter mit Meßrohr und Prüfling

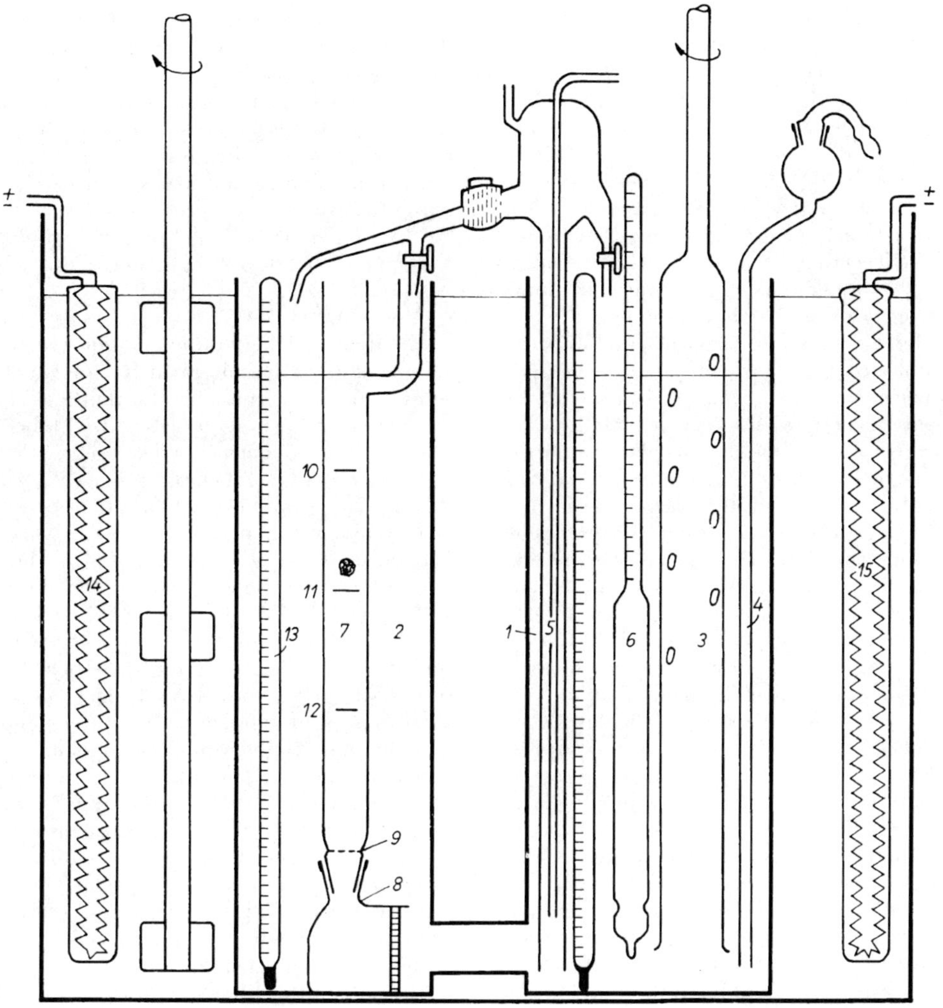


Bild 6. Dichtemeßeinrichtung — gesamte Meßapparatur

1 Mischgefäß 1
2 Meßgefäß 2
3 Rührrohr
4 Zusatzrohr
5 Glaspumpe
6 Aräometer
7 Meßrohr
8 Glasfritte
9 Siebplättchen
10 Meßmarke 1
11 Meßmarke 2 — Nullmarke
12 Meßmarke 3
13 Feinthermometer
14 Aquarienheizstab 1
15 Aquarienheizstab 2

befindet sich ein unten offenes Rührrohr 3 mit schaufelförmig ausgebildeten Löchern im oberen Teil des Umfanges. Weiterhin sind ein bis zum Boden reichendes, oben mit Trichter und Schlauchanschluß versehenes Zusatzrohr 4 zum Eindrücken von Flüssigkeitszusätzen in den unteren Teil des Mischrohres, eine Glaspumpe 5 mit drei Ablaufstellen, ein Thermometer und schließlich ein langstieliges Aräometer 6 mit 0,001-g/ml-Teilung in das Mischgefäß 1 eingesetzt. Im Meßgefäß 2 befindet sich das mit einem seitlichen Ansatz versehene Meßrohr 7 von etwa 14 mm Durchmesser und 330 mm Länge, das mittels Schleife mit einer senkrecht vor dem Verbindungsteil der Meßgefäße 1 und 2 stehenden Glasfritte 8 verbunden ist. Oberhalb des Schliffes enthält das Meßrohr 7 ein feines Siebplättchen 9, das das zu weite Absinken des Prüflings verhindert. Am Meßrohr 7 befinden sich außerdem drei im Abstand von 5 cm angebrachte Meßmarken 10, 11 und 12. Weiterhin enthält das Meßgefäß 2 ein Feinthermometer 13 mit 0,1-grd-Teilung. Von den drei Ablaufstellen der Glaspumpe 5 mündet die erste, mit einem Hahn versehene im Mischgefäß 1, die zweite ohne Hahn im Meßgefäß 2 und die dritte, ebenfalls wieder mit einem Hahn versehene im seitlichen Ansatz des Meßrohres 7. Vor der zweiten und dritten Ablaufstelle ist ein Filter angeordnet, um eventuelle Verunreinigungen zurückzuhalten. Zur besseren Beobachtung des schwebenden Prüflings ist an der Rückseite des Meßgefäßes 2 ein schwarzer Papierstreifen angebracht. Bei seitlicher Beleuchtung mit einer Kaltlichtleuchte hebt sich der Prüfling dann klar gegen den schwarzen Hintergrund ab und ist gut zu erkennen. Die gesamte Meßapparatur steht in einem 20-l-Glasbehälter, der mit Wasser gefüllt ist und zwei Heizaggregate (Aquarienheizstäbe 14 und 15 mit 60 W bzw. 40 W Heizleistung), ein Kontaktthermometer, ein einfaches Thermometer und eine Rührvorrichtung enthält.

### 3. *Durchführung der Prüfung*

Von der an das Normalklima (oder einen anderen Feuchtezustand) angeglichenen Probe werden fünf etwa weizenkorngroße Prüflinge hergestellt und mindestens

20 h in Tetrachlorkohlenstoff eingelegt. Die Meßapparatur wird mit der Meßflüssigkeit gefüllt und die gesamte Dichte-Meßeinrichtung auf 25°C temperiert. Danach wird der erste Prüfling mittels eines Glaslöffels in das Probenrohr 7 übertragen und mit Hilfe eines unten mit einer waagerecht liegenden Spirale versehenen Drahtes in die Höhe der Meßmarke 11 gebracht. Schon nach kurzer Beobachtungszeit kann ein mehr oder weniger schnelles Steigen oder Sinken des Prüflings festgestellt werden. Je nach der Geschwindigkeit und der Richtung der Ortsveränderung wird nunmehr in das Mischgefäß 1 die Mischungskomponente mit der niedrigen oder hohen Dichte zugegeben. Für ganz geringe Dichteänderungen kann auch ein Zusatz einer bereits vorhandenen Mischung erfolgen, da hiervon im Laufe der Arbeiten ein gewisser Vorrat anfällt. Das Zusetzen geschieht entweder durch Eingießen von oben oder durch Eindrücken mittels Zusatzrohr 4 von unten. Mit dem Rührrohr 3 und der Glaspumpe 5 wird die Flüssigkeit bei geöffnetem rechtem Glaspumpenhahn zunächst vorwiegend im Mischgefäß 1 gemischt. Während des Mischens ist das Aräometer mit einem Drahtbügel an der Wandung des Mischgefäßes 1 festgeklemmt oder ganz herausgenommen. Nach kurzer Mischzeit wird der rechte Glaspumpenhahn geschlossen und bei ebenfalls geschlossenem linkem Glaspumpenhahn die gemischte Flüssigkeit in das Meßgefäß 2 gepumpt. Die durch das Verbindungsrohr in das Mischgefäß 1 zurückströmende Flüssigkeit wird weiterhin durch Rühren mit der im Mischgefäß 1 befindlichen Flüssigkeit durchmischt. Erst wenn dieser Austausch beendet ist und in den beiden Gefäßen 1 und 2 die gleiche Mischung vorliegt, wird durch Öffnen des linken Glaspumpenhahnes und weiteres Rühren der Flüssigkeitsaustausch im Meßrohr 7 vorgenommen. Der gesamte Mischvorgang ist in wenigen Minuten beendet. Daraufhin wird der Prüfling mit dem bereits erwähnten Draht erneut zur Nullmarke 11 gebracht und sein Verhalten beurteilt. Sollte der Prüfling noch nicht schweben, so ist das Mischungsverhältnis der Meßflüssigkeit weiter zu verändern. Kleine Korrekturen können auch durch Temperaturänderungen um ±1 grd vorgenommen werden. Die Beobachtung des Schwebens des Prüflings wird 30 min lang vorgenommen. Während dieser Zeit darf weder ein Steigen über die Meßmarke 10 noch ein Sinken unter die Meßmarke 12 erfolgen, sonst sind weitere Konzentrations- oder auch Temperaturkorrekturen vorzunehmen. Verharrt der Prüfling 30 min lang zwischen den Meßmarken 10 und 12, wobei durchaus ein leichtes Auf- oder Abtreiben und auch eine Richtungsumkehr zugelassen wird, so gilt die dann mit dem Aräometer bestimmte Flüssigkeitsdichte als Schwebedichte des Prüflings. Steigt durch das Zugeben der Mischungskomponenten der Flüssigkeitsspiegel in den Gefäßen zu hoch, wird ein Teil der Meßflüssigkeit durch das Zusatzrohr 4 oder eine andere Hebervorrichtung abgezogen. Ein Durchmesser des Meßrohres 7 von etwa 14 mm erwies sich als besonders vorteilhaft. Engere Rohre behindern das freie Schweben des Prüflings, während sehr viel weitere Rohre wegen Temperaturabweichungen der Flüssigkeit über den Rohrquerschnitt zu stärkeren Auf- und Abtriebserscheinungen des Prüflings führen. Die restlichen Prüflinge der Probe können nach Erreichen der Schwebedichte aus dem Tetrachlorkohlenstoff heraus in die Meßflüssigkeit übertragen werden. Dadurch kann in den Prüflingen schon ein gewisser Flüssigkeitsaustausch und anschließend ein schnelleres Messen erfolgen. Dies ist bedingt durch die meist geringen Dichteunterschiede von Prüfling zu Prüfling einer Probe. Schließlich werden aus den fünf Einzelergebnissen einer Versuchsreihe der Mittelwert errechnet sowie, falls erforderlich, die Standardabweichung und die absolute Weite des Vertrauensbereiches des Mittelwertes.

### *4. Die Meßflüssigkeit*

Als Meßflüssigkeit untersuchten wir Mischungen aus nahezu allen in der Literatur für die Dichtebestimmung empfohlenen organischen Lösungsmitteln, soweit sie für den von uns geforderten Dichtebereich geeignet waren. Insbesondere handelte es sich um Heptan ($\varrho$ = 0,6838 g/ml), Toluol ($\varrho$ = 0,8716 g/ml), Benzol ($\varrho$ = 0,8786 g/ml), Tetrachlorkohlenstoff ($\varrho$ = 1,5985 g/ml), Äthylenbromid ($\varrho$ = 2,1804 g/ml) und 1.1.2.2.-Tetrabromäthan ($\varrho$ = 2,9673 g/ml). Von den seltener genannten organischen Lösungsmitteln zogen wir für umfangreiche Vorversuche noch Cyclohexan ($\varrho$ = = 0,7791 g/ml), Chlorbenzol ($\varrho$ = 1,1064 g/ml), Nitrobenzol ($\varrho$ = 1,2229 g/ml), o-Dichlorbenzol ($\varrho$ = = 1,3048 g/ml) und Brombenzol ($\varrho$ = 1,5219 g/ml) heran. In umfangreichen Voruntersuchungen sollten zunächst eine Reihe von Fragen geklärt werden, denen bisher zu wenig Bedeutung beigemessen worden ist. Dafür wurden die unterschiedlichsten Zweikomponentenmischungen der genannten Lösungsmittel angewendet und darin verschiedene Faserstoffe auf ihre Dichte untersucht. Insbesondere verwendeten wir für diese Untersuchungen die Polyesterfaserstoffe LANON und GRISUTEN, von denen einige Versuchsergebnisse als Beispiel genannt seien.

Als erstes interessierte es uns, ob sich das vorherige Einlegen der Faserprobe in die eine oder andere Komponente der Meßflüssigkeit auf den Dichtewert auswirkt. Tabelle 1 zeigt einige Ergebnisse. An den Meßflüssigkeitsgruppen a bis f ist zu erkennen, daß es nicht immer gleichgültig ist, ob in der einen oder anderen Komponente vorgetränkt wird. Es sollte deshalb stets angegeben werden, welche Vortränkflüssigkeit verwendet wurde. Für die Gruppen g bis k wurde der Gegenversuch nicht durchgeführt.

Zur genaueren Klärung des Vortränkeinflusses wurden auch noch weitere Versuchsreihen durchgeführt, bei denen nicht eine der beiden Komponenten der Meßflüssigkeit, sondern eine dritte Komponente als Vortränkflüssigkeit verwendet wurde. Sie brachten im Prinzip gleiche Ergebnisse. Wie Tabelle 1 zeigt und in vielen Versuchsreihen bestätigt wurde, erwies sich das Heptan/Tetrachlorkohlenstoff-Gemisch als die günstigste Meßflüssigkeit.

Aus der nach fallenden Dichtewerten geordneten Tabelle 1 geht aber auch weiter hervor, daß die unterschiedlichen Meßflüssigkeiten zu stark unterschiedlichen Dichtewerten führen. Bei sonst gleichen Versuchsbedingungen wurden je nach Meßflüssigkeit für die untersuchten Polyesterfaserstoffe Dichtewerte zwischen 1,371 und 1,514 g/cm³ gefunden. Interessant ist, daß alle Mischungen mit Tetrachlorkohlenstoff Dichtewerte in dem relativ engen Bereich von 1,371

*Tabelle 1. Einfluß der Vortränk- und Meßflüssigkeit auf die Dichte von* LANON-*Faser*

| Meßflüssigkeits-gruppe | Vortränkflüssigkeit und Lösungsmittel I der Meßflüssigkeit | Lösungsmittel II der Meßflüssigkeit | Dichte $\varrho$ [g/cm³] |
|---|---|---|---|
| a | Äthylenbromid | Heptan | 1,514 |
| a | Heptan | Äthylenbromid | 1,505 |
| b | Äthylenbromid | Benzol | 1,434 |
| b | Benzol | Äthylenbromid | 1,433 |
| g | 1.1.2.2.-Tetrabromäthan | Benzol | 1,433 |
| c | Benzol | Brombenzol | 1,404 |
| c | Brombenzol | Benzol | 1,403 |
| h | o-Dichlorbenzol | Tetrachlorkohlenstoff | 1,397 |
| i | Nitrobenzol | Tetrachlorkohlenstoff | 1,395 |
| j | Chlorbenzol | Tetrachlorkohlenstoff | 1,394 |
| d | Benzol | Tetrachlorkohlenstoff | 1,387 |
| k | Toluol | Tetrachlorkohlenstoff | 1,386 |
| e | Cyclohexan | Tetrachlorkohlenstoff | 1,374 |
| e | Tetrachlorkohlenstoff | Cyclohexan | 1,373 |
| d | Tetrachlorkohlenstoff | Benzol | 1,371 |
| f | Tetrachlorkohlenstoff | Heptan | 1,371 |
| f | Heptan | Tetrachlorkohlenstoff | 1,371 |

bis 1,397 g/cm³ ergeben, während Mischungen mit Bromverbindungen zu Dichtewerten zwischen 1,403 und 1,514 g/cm³ führen. Für andere Faserstoffe wurde auch ein gewisser, aber bei weitem nicht so starker Einfluß der Meßflüssigkeit festgestellt.

Da das Heptan/Äthylenbromid-Gemisch die höchsten Dichtewerte bei dem Polyesterfaserstoff LANON ergab, wurden Proben von GRIUSTEN-Seide entweder in Tetrachlorkohlenstoff oder in Äthylenbromid vorgetränkt und anschließend in Heptan/Tetrachlorkohlenstoff die Dichte bestimmt. Die in der Tabelle 2 wiedergegebenen Dichtewerte und vor allem die in der letzten Spalte dieser Tabelle angeführten Dichtedifferenzen zeigen, daß der Einfluß der Vortränkung um so geringer wird und einer konstanten Größe zustrebt, je stärker die thermische Behandlung der Polyesterfaserstoffe ist. Daraus läßt sich schließen, daß Äthylenbromid von Polyesterfaserstoffen absorbiert und selbst bei einem nachfolgenden Einlegen in ein von Äthylenbromid freies Gemisch nicht vollständig ausgetauscht wird. Die Messung liefert dann also nicht die Dichte der Faser, sondern die Dichte eines aus Faser und Äthylenbromid gebildeten Mischkörpers.

Die durchgeführten Untersuchungen zeigen, daß den in der Literatur meist nur allgemein als für Dichtebestimmungen geeignet empfohlenen Lösungsmitteln nicht vorbehaltlos zugestimmt werden kann. Es müssen genaue Festlegungen über die zu verwendende Lösungsmittelkombination und das zur Vortränkung zu verwendende Lösungsmittel getroffen werden. Im Gegensatz zu *N. V. Michajlov, N. N. Zav'jalova* und *V. O. Gorbaceva* [3], die zwar auch schon eine gewisse Einschränkung der Meßflüssigkeiten vorschlagen, sollten aber nicht für jeden Faserstoff andere und oftmals zwei unterschiedliche Mischungen vorzugsweise empfohlen werden, sondern möglichst nur eine für alle Faserstoffe anwendbare. Auf Grund unserer Untersuchungen mit den verschiedensten organischen Lösungsmitteln schlagen wir für alle Faserstoffe das Gemisch Heptan/Tetrachlorkohlenstoff vor, das einen Dichtebereich von 0,684 bis 1,598 g/cm³ zu überstreichen gestattet. Für seine Verwendung sprechen weiterhin die glatte Austauschbarkeit der beiden Flüssigkeiten, der unpolare Charakter beider Medien, die bekannte chemische Indifferenz und der niedrige Preis. Als Vortränkflüssigkeit sollte jedoch stets Tetrachlorkohlenstoff oder auch das Gemisch Heptan/Tetrachlorkohlenstoff verwendet werden. Lediglich für Glasfaserstoffe und Asbest sollte ein Gemisch aus 1.1.2.2.-Tetrabromäthan und Äthylenbromid Verwendung finden, in dem die Fasern auch

*Tabelle 2. Einfluß unterschiedlicher Vortränkflüssigkeiten auf die in Heptan/Tetrachlorkohlenstoff gemessene Dichte verschieden behandelter* GRISUTEN-*Seiden*

| Probenzustand | | Dichte $\varrho$ [g/cm³] nach Vortränkung in | | Dichtedifferenz $\Delta\varrho$ [g/cm³] |
|---|---|---|---|---|
| Fixierung | Zusatzbehandlung | Tetrachlorkohlenstoff | Äthylenbromid | |
| unfixiert | keine | 1,368 | 1,425 | 0,057 |
| | 30 min; 220 °C | 1,406 | 1,417 | 0,011 |
| heißluftfixiert bei 120 °C | keine | 1,383 | 1,411 | 0,025 |
| | 30 min; 220 °C | 1,407 | 1,420 | 0,013 |
| heißluftfixiert bei 160 °C | keine | 1,392 | 1,411 | 0,019 |
| | 30 min; 220 °C | 1,407 | 1,419 | 0,012 |
| heißluftfixiert bei 200 °C | keine | 1,401 | 1,414 | 0,013 |
| | 30 min; 220 °C | 1,406 | 1,419 | 0,013 |
| heißluftfixiert bei 240 °C | keine | 1,410 | 1,424 | 0,014 |
| | 30 min; 220 °C | 1,412 | 1,423 | 0,011 |

vorgetränkt werden sollten. Von der Anwendung wäßriger Salzlösungen als Meßflüssigkeit zur Dichtebestimmung an Faserstoffen raten wir wegen zu geringen Dichtebereiches und experimenteller Schwierigkeiten ab.

*5. Vortränkzeit der Proben*

Um den Dichte-Zeit-Einfluß zu eliminieren und die Luft weitestgehend aus den Faserprüflingen zu verdrängen, ist eine Vertränkung vor der eigentlichen Dichtemessung notwendig. Wie aber schon im Abschnitt 4 gezeigt wurde, ist die Dichte von der Art der Vortränkflüssigkeit abhängig. Ein besonders großer Einfluß auf die in Tetrachlorkohlenstoff gemessene Dichte von Polyesterprüflingen war beim Vortränken dieser Prüflinge in Äthylenbromid gegeben. Dieser Effekt wurde genutzt, um Festlegungen für die Mindestvortränkzeit treffen zu können. Je eine Versuchsreihe von LANON-Faser wurde dazu 1 h, 20 h und 50 h in Äthylenbromid vorgetränkt, daraufhin in das Benzol/Tetrachlorkohlenstoff-Gemisch übertragen und die Dichte in Abhängigkeit von der Zeit in dieser Mischung bestimmt. Nach 70 h zeigten die vorgenommenen Messungen keine Dichteänderungen mehr und es ergaben sich für die drei Versuchsreihen Dichtewerte von 1,386 g/cm³, 1,396 g/cm³ und 1,398 g/cm³. Da ein Vortränken in Tetrachlorkohlenstoff einen bedeutend geringeren Einfluß hat, ist eine Tränkzeit von 20 h vollkommen ausreichend.

Die Faserprüflinge werden dementsprechend vor der Dichtebestimmung 20 h in die eine Komponente der Meßflüssigkeit oder in ein Gemisch aus beiden Komponenten eingelegt und zur Entfernung anhaftender Luftblasen in größeren Abständen mit einem Glasstab durchgedrückt. Das Übertragen des Prüflings in die Meßapparatur geschieht dann mit einem Glaslöffel, so daß der Prüfling in einer genügend großen Flüssigkeitsmenge verbleibt und sich während des Übertragens keine neuen Luftblasen anlagern können.

*6. Anzahl der Einzelversuche*

Um die erforderliche Anzahl Einzelversuche je Versuchsreihe festzulegen, wurden zunächst von einer großen Anzahl von Versuchsreihen zu je 10 Einzelversuchen Mittelwerte, Standardabweichungen, Variationskoeffizienten und Vertrauensbereiche des Mittelwertes bestimmt. Für etwa 50 in dieser Weise ausgewertete Versuchsreihen ergab sich als mittlerer Vertrauensbereich des Mittelwertes $\bar{p} = \pm 0{,}0011$ g/cm³. Daraus konnte geschlossen werden, daß es völlig ausreichend ist, die Untersuchungen mit $n = 5$ Einzelwerten je Versuchsreihe durchzuführen, da dann der mittlere Vertrauensbereich des Mittelwertes noch unter dem von uns angenommenen Wert $p = \pm 0{,}002$ g/cm³ bleibt.

*7. Literatur*

[1] *Juilfs, J.:* Zur Dichtebestimmung von Fasern. Forschungsberichte Wirtschafts- und Verkehrsministerium Nordrhein-Westfalen. Nr. 381. Köln und Opladen: Westdeutscher Verlag 1957.

[2] *Lauer, K.,* und *Westermann, U.:* Zur Kenntnis der Zellulosefasern. 6. Mitt.: Zur Bestimmung der Dichte der Zellulose in verschiedenen Medien. Kolloid-Z. **107** (1944) 2, S. 89–93.

[3] *Michajlov, N. V., Zav'jalova, N. N.,* und *Gorbaceva, V. O.:* Gradientmethode zur Bestimmung des spezifischen Gewichts chemischer Fasern. Chim. Volokna (Chem. Fasern) (1960) 1, S. 19–22.

[4] *Winkler, F., Homann, G.,* und *Götze, W.:* Dichtebestimmung an Faserstoffen. I. Dichtebegriffe. Faserforsch. u. Textiltechnik **18** (1967) 11, S. 529–533.

[5] *Winkler, F., Götze, W.,* und *Homann, G.:* Dichtebestimmung an Faserstoffen. II. Bestimmungsverfahren — Möglichkeiten und Grenzen. Faserforsch. u. Textiltechnik **19** (1968) 3, S. 102–110.

*Eingegangen am 17. Juli 1968*

# Einwirkung von Jod auf Polyacrylnitrilfaserstoffe

*Günther von Hornuff und Manfred Lenzer*[1])
*Institut für Textilchemie, Technische Universität Dresden*

DK 677.494.745.32:677.494.061.3:[541.183:546.15]:539.26

Die Einwirkung des Jods auf die PVY-Faserstoffe wurde über das bei der Jodsorptionsmethode übliche Maß durch Erhöhung der Temperatur und Einwirkungszeit intensiviert. An den jodierten PVY-Fasern wurden Strukturuntersuchungen durchgeführt. Die modifizierte Jodsorption führt zu einer Erhöhung der Jodzahlen, des Wasserrückhaltevermögens, der Schrumpfung, sowie zu einer Verringerung der Reißfestigkeit, der Orientierung und des Ordnungsgrades des PVY-Fasern. Die durch Jodbehandlung hervorgerufene Strukturauflockerung der PVY-Faser ist als Modell zum Studium der Carrierwirkung geeignet.

*Воздействие иода на полиакрилонитрильные волокна*

Путем повышения температуры и продолжительности обработки в сравнении с общепринятыми при методе сорбции иода условиями удалось интенсифицировать воздействие иода на ПАН-волокна. Проведены исследования структуры иодированных ПАН-волокон. Применение предлагаемого метода приводит к повышению иодного числа, способности к удержанию воды и усадки с одновременным снижением прочности на разрыв, ориентации и степени упорядоченности ПАН-волокон. Разрыхление структуры ПАН-волокна, вызванное обработкой иодом, применимо в качестве модели для изучению действия переносчиков.

*The Effect of Iodine of Polyacrylonitrile Fibres*

The effect of iodine on PVY fibres has been investigated on increasing the iodine uptake up to values uncommon in the usual iodine sorption method by rising the temperature and time of sorption. The structural changes of the iodized fibres were determined. The modified iodine sorption process led to an increase in iodine number, water retention and shrinking, while tensile strength and orientation became reduced. The lower compactness of the fibre structure due to iodine sorption may be helpful in devising models for explaining the effect of carriers.

[1]) Auszug aus der Dissertation *M. Lenzer*, Mathematisch-naturwissenschaftliche Fakultät der Technischen Universität Dresden 1967.

### *1. Messung der Jodsorption von PVY-Fasern*

In einer Reihe von Veröffentlichungen berichtet *K. Schwertassek* [1] über die Jodsorptionsmethode als Verfahren zur Strukturermittlung von Cellulosefasern. Als ausgesprochene Accessibilitätsmethode beruht das Verfahren auf dem Eindringen des Jods aus einer konzentrierten Jod/Jodkalium-Lösung in die weniger geordneten Bereiche der Cellulosefaser nach definierter Einwirkungszeit. Die Bestimmung der von der Faser zurückgehaltenen Jodmenge erfolgt durch Subtraktion der in der Behandlungslösung verbliebenen, titrimetrisch ermittelten Jodmenge von der Ausgangskonzentration. Als Jodzahl AZ ist die Jodmenge in mg/g Faser definiert. Für Cellulosefasern stimmen nach *Schwertassek* die Tendenzen des röntgenographisch gemessenen Kristallisationsgrades mit den Ergebnissen der Jodsorptionsmessungen überein: Fasern mit hoher Röntgenkristallinität ergeben niedrige Jodsorptionswerte. Die Bindung des Jods an die Cellulose wird neben Adsorptionseffekten auf die von *F. Cramer* [2] beschriebenen Einschlußverbindungen zurückgeführt.

Zur Beschreibung der Struktur von Synthesefaserstoffen wurde die Jodsorptionsmethode in mehr oder weniger variierter Form und mit unterschiedlichem Erfolg herangezogen. *K. Schwertassek* [3] und *L. Vollrath* [4] berichten in diesem Zusammenhang über die Bestimmung des Fixiergrades von Polyamidfasern, *H. Petzold* [5], *H. Grimm* [6] und *V. Lacko* [7] führten Jodsorptionsmessungen an Polyesterfasern durch. Im allgemeinen wird für Polyester- und Polyamidfaserstoffe eine Abnahme der Jodsorption mit steigender Fixiertemperatur gefunden.

Über Jodsorptionsmessungen an PVY-Fasern liegen Untersuchungen vor [8, 9]. *K. Richter* [10] und *W. Fester* [11] teilen eine Abnahme der Jodzahlen mit steigender Vorbehandlungstemperatur der Fasern mit, *P. Würthle* [12] findet bei gebleichten PVY-Fasern einen Rückgang der Jodsorption. Von den Autoren wird die Verringerung der Jodzahl mit der Abnahme von gittergeordneten Bereichen erklärt.

Die eigenen Messungen wurden nach einer Vorschrift von *W. Fester* [11] durchgeführt, die sich stark an die *Schwertassek*sche Vorschrift für Cellulosefasern anlehnt. Die gefundenen Jodzahlen der Handelsfasern sind in Tabelle 1 zusammengefaßt.

*Tabelle 1. Jodzahlen von PVY-Fasern nach der Carrierbehandlung* [13]

| | Fasern unbehandelt | Fasern mit 10 g/l Carrier vorbehandelt | | |
|---|---|---|---|---|
| | | Remol TRF | Palanilcarrier A | Salicylsäureester/ Emulgator |
| ORLON T 42 | 28 | 32 | 30 | 29 |
| DRALON N | 31 | 40 | 34 | 32 |
| CRYLOR | 28 | 29 | 23 | 20 |
| WOLCRYLON II | 30 | 94 | 82 | 43 |
| WOLPRYLA P 65 | 38 | 39 | 36 | 35 |

| | Behandlungstemperatur [°C] | Jodeinwirkungszeit | Jodmenge [ml] |
|---|---|---|---|
| normal | 20 | 5 min | 1,2 |
| Variante 1 | 20 | 48 h | 1,2 |
| Variante 2 | 90 | 20 min | 1,2 |
| Variante 3 | 90 | 20 min | 2,0 |

Die Behandlung der Fasern mit Remol TRF führt zu einer Erhöhung der Jodsorption bei ORLON T 42 und DRALON N, während die Behandlung mit Salicylsäuremethylester und Palanilcarrier A keinen deutlichen Einfluß auf die Jodzahl hat. Die hohen Werte von WOLCRYLON II nach der Carrierbehandlung sind die Folge der Temperatureinwirkung bei der Behandlung. Die Wirkung von Wasser bei 80 °C führt bei dieser Faser zu ähnlich hohen Jodzahlen. Die Anwendung von Carrierkonzentrationen über 10 g/l senkt die Jodaufnahme in den meisten Fällen unter den Wert der unbehandelten Faser. Dieses Ergebnis kann durch eine Glättung der Faseroberfläche erklärt werden. Es konnte experimentell bestätigt werden, daß die Wirksubstanzen der Carrier selbst kein Jod sorbieren. Die Durchführung der Jodsorption bei Anwesenheit von Carrier führte zu keiner Erhöhung des Meßergebnisses.

Die Jodsorptionsmessungen an den Versuchsfasern sind in den Bildern 1 und 2 dargestellt. Zunächst tritt in beiden Fällen die erwartete Abnahme der Jodzahlen mit steigender Verstreckung und ein Maximum bei der Verstreckung 1:3 auf. Thermische Behandlungen der Fasern senken die Jodzahlen mit steigender Temperatur. Die Carrierbehandlung führt in gleicher Weise zu einer Abnahme der Jodsorption. Für die Anfärbung der Versuchsfasern bedeuten thermische Behandlungen unter optimalen Bedingungen (Lösungspol.: Erhitzen auf 130 °C, Reinpol.: Heißwasserbehandlung bei 80 °C) eine Erhöhung der Farbstoffaufnahme, bei der Jodsorption bewirkt jede Temperatureinwirkung ein Absinken der Jodzahl. Daraus folgt, daß bei der Durchführung der Jodsorption nach dieser Vorschrift nur wenig Jod ins Faserinnere eingedrungen ist. Mikroskopische Schnitte jodsorbierter Fasern beweisen, daß nur Randfärbungen im Gegensatz zu der bis ins Faserinnere wirkenden Phenolsorption erhalten werden. Die geringe Jodeinwirkungszeit von 5 min reicht nicht

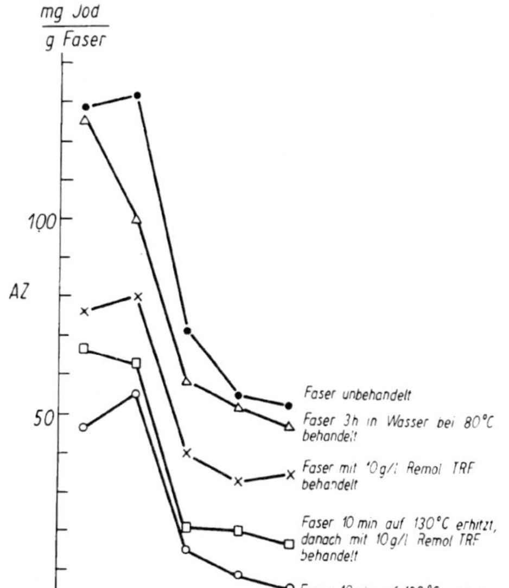


Bild 1. Jodzahlen von Reinpolymerisatfasern in Abhängigkeit von der Verstreckung

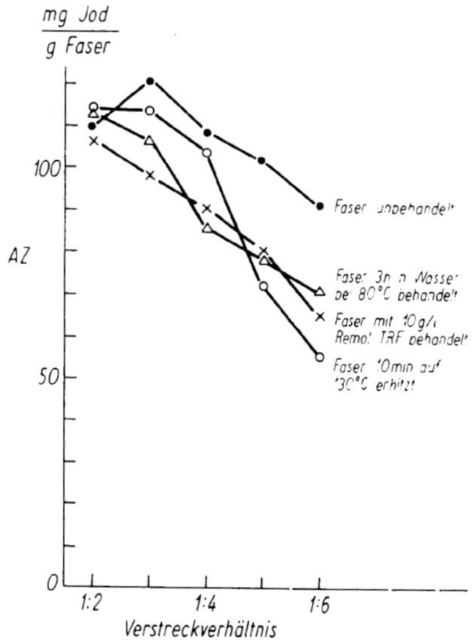


Bild 2. Jodzahlen von Lösungspolymerisatfasern in Abhängigkeit von der Verstreckung

zur Einstellung eines Gleichgewichtes zwischen Faser und Jodlösung aus. Die sich wenig voneinander unterscheidenden Jodzahlen der Handelsfasern sprechen auch dafür, daß die hier durchgeführte Jodsorption sich nur auf die Oberfläche erstreckt. Die Abnahme der zugänglichen äußeren Faserbereiche mit steigender Verstreckung erklärt die Abnahme der Jodsorption mit der Verstreckung. Die Reduzierung der Jodzahlen nach thermischer Behandlung der Fasern ist auf Sinterungsvorgänge zurückzuführen, die eine Glättung der Oberfläche der Versuchsfasern herbeiführen. Aus den Werten der Bilder 1 und 2 geht hervor, daß die Oberflächenstruktur der Reinpolymerisatfasern durch Verstreckung und Temperaturbehandlung stärker beeinflußt wird als die der Lösungspolymerisatfasern.

Das Eindringen des Jods in die weniger geordneten Faserbereiche, wie es für Cellulosefasern beschrieben und von den genannten Autoren für PVY-Fasern übernommen wird, kann für PVY-Fasern wegen der auf die Faserrandzonen beschränkten Jodeinwirkung nicht angenommen werden. Trotzdem nimmt der röntgenographisch bestimmte Ordnungsgrad der PVY-Fasern mit steigender Verstreckung zu und damit die Zahl der weniger geordneten Bereiche in gleicher Richtung ab.

Die Tendenz der Jodsorption der Versuchsfaserverstreckreihen stimmt gut mit den Ergebnissen der Malachitgrünfärbung [13] überein. Das unterstreicht die Oberflächen- bzw. Randzonenwirkung beider Untersuchungsmethoden.

## 2. *Modifizierung der Jodsorption*

### 2.1. *Intensivierung der Jodeinwirkung*

Bei der normalen Jodsorption wirkt eine Jod/Jodkalium-Lösung, hergestellt durch Auflösen von 80 g KJ und 10 g Jod in 100 ml Wasser, 5 min auf 0,2 g kleingeschnittenes Fasermaterial bei Zimmertemperatur ein. Anschließend werden 100 ml Wasser zugesetzt und unter öfterem Umschütteln 1 h stehengelassen. Danach wird in der über den Fasern stehenden Lösung durch Titration der Jodgehalt

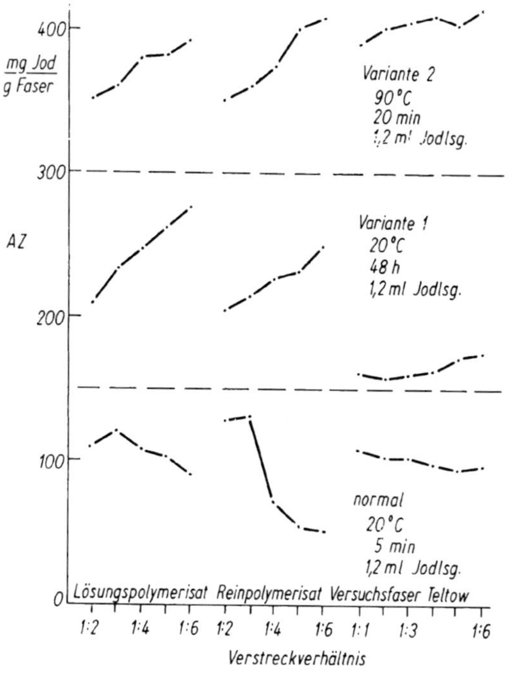


Bild 3. Jodsorption von Versuchsfaserverstreckreihen unter variierten Bedingungen

bestimmt. Die Differenz zum ursprünglich eingesetzten Jod ergibt die von den Fasern aufgenommene Jodmenge. Um das Eindringen des Jods in die Fasern zu intensivieren, wurde die Jodbehandlung neben der oben angegebenen normalen Methode in folgender Form durchgeführt:

Fasereinwaage und Stabilisierungszeit von 1 h wurden beibehalten. Die Behandlung bei 90 °C erfolgte im verschlossenen Gefäß im Thermostat. Die Ergebnisse dieser Versuche mit PVY-Versuchsfaser-Verstreckreihen zeigt Bild 3, die mit Handelsfasern erhaltenen Ergebnisse Tabelle 2.

Die bei der normalen Jodsorptionsmethode beobachtete Abnahme der Jodzahl mit steigender Verstreckung zeigt bei der intensiveren Jodeinwirkung eine gegenläufige Tendenz.

Hier liegt eine Parallele zur Phenolaufnahme vor. o-Phenylphenol wurde ebenfalls mit steigender Verstreckung in stärkerem Maße von den Fasern sorbiert [13]. Der Verlauf der Phenol- wie auch der hier dargestellten Jodaufnahme ist auf die fibrilläre Aufspaltung der Fasern mit steigender Verstreckung zurückzuführen. Zimmertemperatur und kurze Einwirkungszeit verhindern die Durchdringung der Faser mit Jod. Die Jodsorptionskurve nach Variante 3 ver-

*Tabelle 2. Jodsorptionszahlen von PVY-Fasern unter variierten Bedingungen*

| | normal | Variante 1 | Variante 2 | Variante 3 |
|---|---|---|---|---|
| ORLON T 42 | 28 | 124 | 410 | 538 |
| DRALON N | 31 | 126 | 426 | 548 |
| CRYLOR | 27 | 146 | 437 | 556 |
| WOLPRYLA P 65 | 36 | 181 | 399 | 532 |

*Tabelle 3. Jodzahlen nach Variante 3 von verstreckten Lösungspolymerisatfasern nach unterschiedlicher Stabilisierungszeit*

| Verstr. | Stabilisierungszeit 1 h | 2 h | 18 h | Abnahme nach 17 h |
|---|---|---|---|---|
| 1:2 | 497 | 431 | 373 | 124 |
| 1:4 | 522 | 469 | 408 | 114 |
| 1:6 | 540 | 504 | 451 | 89 |

läuft zu denen der Varianten 1 und 2 parallel und liegt um rund 150 Jodzahleneinheiten über der Variante 2.

Neben dem Eindiffundieren muß auch eine relativ feste Bindung des Jods an die Faser erfolgen, die in den höher verstreckten Fasern fester ist als in den niedriger verstreckten. Die festere Haftung des Jods in den höher verstreckten Fasern ist auch bei den Handelsfasern zu beobachten.

CRYLOR-Seide wird durch die Messung der Orientierung, der Anfärbung und durch Reißfestigkeitsmessung als die kompakteste der hier untersuchten Fasern gekennzeichnet. Die Jodsorptionswerte der Elementarfaser CRYLOR liegen bei allen Varianten über denen der Handelsfasern, während bei der normalen Jodsorption CRYLOR die niedrigste Jodzahl hat (Tabelle 2).

### 2.2. *Einfluß der Rückdiffusion auf die Jodzahl*

Die Jodzahl wurde durch eine Erhöhung der Stabilisierungszeit nach der Jodeinwirkung erniedrigt, da mehr Jod aus der Faser herausdiffundieren kann. Diese Verhältnisse werden an der nach Variante 3 behandelten Lösungspolymerisatverstreckreihe dargestellt (Tabelle 3). Zur Intensivierung der Rückdiffusion wurde im Anschluß an die Titration nach der üblichen Stabilisierungszeit von 1 h die restliche Lösung von den Fasern abgegossen und durch 100 ml Kaliumjodidlösung ersetzt. Nach einer weiteren Stunde wurde wieder titriert und erneut 100 ml KJ-Lösung zugegeben. 16 h danach wurde wieder die Jodzahl bestimmt.

Aus den Werten ist ersichtlich, daß die Rückdiffusion aus der niedrig verstreckten größer als aus der höher verstreckten Faser ist und die Differenzierung zwischen den Werten bei höherer Stabilisierungszeit größer wird. *Das Jod findet bei den höheren Verstreckungen eine aktivere innere Oberfläche als bei den niedrigeren Verstreckungen vor. Eine solche Aussage ist mit der Vorstellung von Mikrohohlräumen in den höheren Verstrekkungen vereinbar.*

### 2.3. *Erhöhung der Jodmenge*

An DRALON-Fasern wurden Messungen der Jodsorption nach Variante 2 mit steigenden Jodmengen durchgeführt. Die dabei erhaltenen Jodzahlen streben einem Grenzwert bei 900 zu, der die Sättigungskonzentration darstellt und mit einer Behandlungsmenge von 7 ml Jodlösung erreicht wird. Eine weitere Erhöhung der Jodmenge führt zu Werten, die stark um diesen Grenzwert streuen. Die stufenweise Einlagerung von Jod, die *K. Schwertassek* für Cellulosefasern [1], *H. Arimoto* [14] und *J. Baldrian* [15] für Polyamidfasern feststellten, kann hier nicht beobachtet werden. Nach *H. Arimoto* [14] hat die durch Behandlung von Polyamidfolien mit steigenden Jodmengen erhaltene Sorptionskurve einen flacheren Verlauf, der dadurch gekennzeichnet ist, daß das Jod hauptsächlich in den weniger geordneten Bereichen sorbiert wird. Daran schließt sich ein Kurventeil an, bei dem die Sorptionsmenge plötzlich ansteigt und dann konstant bleibt. Dieser letzte Kurventeil wird durch Eindringen des Jods in das Innere des Kristallgitters bei Erreichen der Sättigungskonzentration gedeutet. *K. Hess* u. Mitarb. [16] teilen mit, daß sich die Jodaufnahme bei Cellulosefasern ebenfalls nicht nur auf die gitterungeordneten Faserbereiche erstreckt; sie finden jedoch beim Übergang von gitterungeordneten zu kristallinen Bereichen keine Unstetigkeit im Verlauf der Sorptionskurve.

Die Abhängigkeit der Jodzahlen von Jodmenge und Behandlungsdauer bei 90°C zeigt Bild 4 für DRALON N. Bei der niedrigsten Behandlungsmenge ist der Endwert bereits nach 10 min erreicht. Mit steigenden Mengen an Jodlösungen stellt sich der Endwert immer langsamer ein. Diese Daten lassen vermuten, daß hier ein Verteilungsgleichgewicht des Jods zwischen Faser und Jodlösung vorliegt. Bild 5 bestätigt diese Annahme für niedrige Jodkonzentrationen.

Jodsorptionsmessungen nach den Varianten 1 und 2 an temperatur- und carrierbehandelten PVY-Fasern

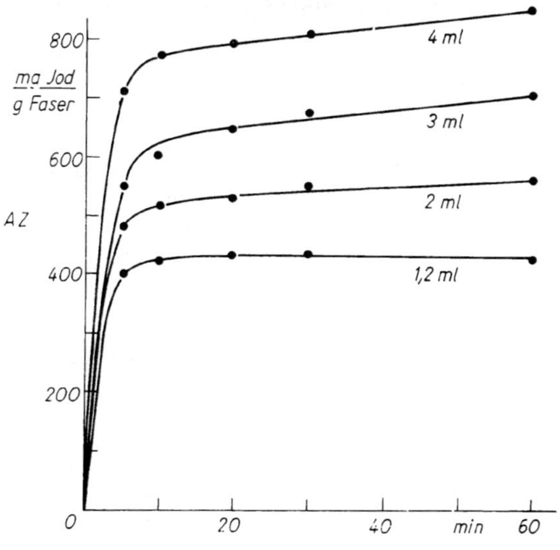


Bild 4. Jodsorption von DRALON-N-Garn mit steigenden Mengen Jodlösung in Abhängigkeit von der Zeit bei 90°C

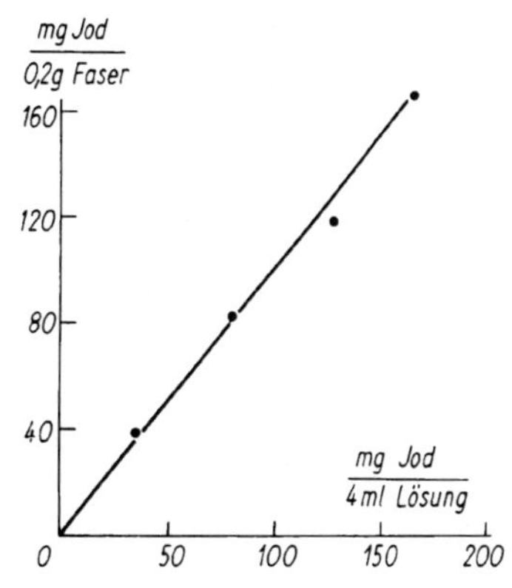


Bild 5. Verteilungsgleichgewicht zwischen Jodlösung und DRALON-N-Garn bei 90°C

ergeben keine Unterschiede im Vergleich zu den unbehandelten Fasern.

Bei der Jodsorption nach den Varianten 1 bis 3 streuen die Meßwerte innerhalb eines Bereiches von 10 Jodzahl-Einheiten.

*2.4. Viskositätsmessung an unbehandelten und jodierten PVY-Fasern*

Um zu prüfen, ob durch die Jodbehandlung nach Variante 2 eine Veränderung des Polymerisationsgrades der PVY-Fasern erfolgt, wurden die Grenzviskositätszahlen bestimmt.

Zum Vergleich der Polymerisationsgrade der jodierten mit denen der unbehandelten Fasern sind die Viskositätszahlen dieser Fasern ausreichend. Durch graphische Extrapolation wurden folgende Werte erhalten:

| | ORLON T 42 | Lösungspolymerisat |
|---|---|---|
| Faser unbehandelt | 1,54 dl/g | 1,85 dl/g |
| Faser mit Jod behand. | 1,52 dl/g | 1,78 dl/g |
| desgl., Jod entfernt | 1,49 dl/g | 1,74 dl/g |

Unter Berücksichtigung eines Fehlers von ± 0,05 dl/g sagen die Messungen aus, daß durch die Jodierung praktisch keine Polymerisationsgradänderungen hervorgerufen werden.

*2.5. Chemische Untersuchungen an jodierten PVY-Fasern*

*2.5.1. Ermittlung des Kaliumjodid-Gehaltes jodsorbierter Proben*

Alle bei 90 °C mit Jodlösung behandelten Faserproben sind dunkelbraun bis schwarz gefärbt. Diese vom sorbierten Jod herrührende Farbe verschwindet nicht bei längerem Liegen der Fasern an der Luft oder beim Behandeln mit Lösungsmitteln wie Alkohol oder Tetrachlorkohlenstoff. Nach Absublimieren von oberflächlich anhaftendem Jod nehmen die Fasern nach zwei bis drei Tagen ein konstantes Gewicht an. Die gravimetrische Überprüfung der Jodzahlen der Faserproben ergab eine wesentlich höhere Gewichtszunahme der Probe, als der durch Titration gefundenen Jodmenge entspricht. Nach Entfernung des Jods mit kochender Natriumthiosulfatlösung von der Faserprobe konnte das Ausgangsgewicht der Faser wieder erhalten werden. Wird die Entfärbung mit einer bestimmten Menge n/10 Natriumthiosulfatlösung vorgenommen und in dieser Lösung mit n/10 Jodlösung das überschüssige Thiosulfat zurücktitriert, so findet man eine Jodmenge, die niedriger ist als die durch die vorangegangene Jodsorptionsmessung gefundene. Dieses Defizit ist verständlich, da bei der Jodsorptionsmessung durch Titration der Restflotte auch das lose an der Faseroberfläche haftende Jod mit in die Sorptionszahl eingeht, das bei der Trocknung des behandelten Materials von der Faseroberfläche abdiffundiert und dadurch der Bestimmung entzogen ist.

In der zur Reduktion des Jods benutzten Natriumthiosulfatlösung konnte durch Ausfällung mit Perchlorsäure Kalium in Form der charakteristischen $KClO_4$-Kristalle nachgewiesen werden. Das Kalium in der Reduktionslösung und die zu hohe Gewichtszunahme der sorbierten Proben im Vergleich zur theoretisch berechneten berechtigen zu der Annahme, daß außer Jod auch Kaliumjodid von der Faser sorbiert wird, das bei der Entfernung des Jods von der Faser wieder desorbiert wird. Bei Behandlung der Faser unter sonst gleichen Bedingungen mit Kaliumjodidlösung allein und anschließendem Spülen ist nur eine Gewichtszunahme von 2,5% zu verzeichnen, während bei der Jodsorption aus der Jod/Jodkalium-Lösung eine Gewichtszunahme durch KJ zu 25% errechnet wird. Eine mit KJ präparierte Faserprobe nimmt aus einer alkoholischen Jodlösung oder aus einer Lösung von Jod in Tetrachlorkohlenstoff kein oder nur sehr wenig Jod auf, wie das auch für unbehandelte Faserproben gefunden wurde [17].

Zur quantitativen Bestimmung des in der Faser enthaltenen Kaliums wurden die nach Variante 2 jodsorbierten Faserproben dem Aufschluß nach *L. Smith* [18] unterworfen. Abweichend von der dort angegebenen Auswaage des Kaliums in Form von Kaliumchlorid erfolgte in der aufgearbeiteten Aufschlußlösung die Bestimmung des Kaliums als Kaliumperchlorat. Tabelle 4 bringt die Ergebnisse von 30 min bei 90 °C mit steigenden Jod/Jodkalium-Mengen behandelten

*Tabelle 4. Anteile von Jod und Kaliumjodid an der Gewichtszunahme jodierter PVY-Fasern*

| Eingesetzte Jodjodkalium-Menge [ml] | Gewichtszunahme nach der Jodbehandlung [g] | Anteil der KJ (ber. a. d. im Aufschl. gef. K) an der Gewichtszunahme [%] | Jodanteil der Gewichts-Zunahme [%] | Ber. Jodmenge a. d. Gew.-Zunahme [g] |
|---|---|---|---|---|
| DRALON N | | | | |
| 1,2 | 0,1454 | 20 | 80 | 0,1163 |
| 2 | 0,1642 | 24,8 | 75,2 | 0,1235 |
| 3 | 0,1767 | 26,5 | 73,5 | 0,1299 |
| 4 | 0,2309 | 29,3 | 70,7 | 0,1632 |
| 6 | 0,2713 | 29,6 | 70,4 | 0,1910 |
| Lösungspolymerisat Verstr. 1:4 | | | | |
| 1,2 | 0,0952 | 26 | 74 | 0,0704 |
| 2 | 0,1318 | 24,8 | 75,2 | 0,0991 |
| 3 | 0,1820 | 24,7 | 75,2 | 0,1371 |
| 4 | 0,2077 | 25,8 | 74,2 | 0,1541 |
| 6 | 0,2481 | 25,8 | 74,2 | 0,1841 |

Faserproben von 0,2 g. Wie die Tabelle zeigt, beträgt der Kaliumjodidgehalt der sorbierten Proben rund 25% der Gewichtszunahme. Bei DRALON N wurde ein leichter Anstieg dieses Prozentsatzes gefunden. Ein stöchiometrisches Verhältnis zwischen sorbiertem Kaliumjodid und Jod in Form von $KJ_n$ ist aus den gefundenen Werten nicht ableitbar.

Vergleicht man die Zusammensetzung der Jod/Jodkalium-Lösung mit der der sorbierten PVY-Fasern, so besteht in der Lösung das Masseverhältnis KJ zu J wie 8:1 und in der Faser das Masseverhältnis KJ zu J wie 1:4.

*J. Baldrian* [15] sowie *I. Matsubara* und *J. H. Magill* [19] berichten, daß Polyamide mit $KJ_3$ Komplexe bilden und dabei eine Umformung des Polycaprolactams aus der $\alpha$- in die $\gamma$-Modifikation stattfindet.

*Die Anwesenheit von Kaliumjodid ist keine notwendige Voraussetzung zur Aufnahme von Jod durch PVY-Fasern, wie folgender Versuch beweist:* Faserproben von 0,1 g (Lösungspolymerisatfasern) werden in lockerer Form in Glasflaschen eingehängt, in denen sich am Boden 0,5 g elementares Jod befindet. Die dichtverschlossenen Flaschen werden mehrere Tage im Trockenschrank bei einer Temperatur von 130 °C aufgewahrt. Die den Joddämpfen ausgesetzten Faserproben nehmen eine braune Färbung an. Beim offenen Liegen bei Zimmertemperatur hellt sich die Färbung der Proben auf. Nach 14 Tagen haben die Proben ein konstantes Gewicht erreicht.

Für die Verstreckungen der Lösungspolymerisatfasern ergeben sich dabei folgende Abstufungen:

| Verstreckung | 1:2 | 1:3 | 1:4 | 1:5 | 1:6 |
|---|---|---|---|---|---|
| mg Jod | 8,6 | 9,5 | 9,1 | 10,9 | 11,9 |

Neben der gravimetrisch gemessenen Jodaufnahme mit steigender Verstreckung ist auch visuell eine wesentlich tiefere Färbung der höher verstreckten Fasern festzustellen. Die Proben sind über den gesamten Querschnitt angefärbt.

#### 2.5.2. *Ermittlung des Jodgehaltes jodsorbierter Proben*

Eine Befreiung der Fasern vom sorbierten Jod ist durch Reduktion mit Natriumthiosulfatlösung unter Erwärmung möglich. Hierbei fällt auf, daß die niedrigen Verstreckungen schneller entfärbt werden als die höheren Verstreckungen. Leider fallen bei der Entfernung des Jods aus den mit größeren Jodmengen behandelten Faserproben durch Kochen mit Natriumthiosulfatlösung größere Mengen kolloidaler Schwefel aus, so daß eine Bestimmung des sorbierten Jods in der Reduktionslösung bei Behandlungsmengen über 1,2 ml/0,2 g Faser durch Rücktitration des überschüssigen Natriumthiosulfates mit Jodlösung nicht möglich ist. An den mit 1,2 ml Jodlösung behandelten Faserproben kann das gravimetrisch gefundene Sorptionsgewicht bestätigt werden: in einem Teil der durch Entfärbung mit Natriumthiosulfat erhaltenen Lösung wurde, wie oben beschrieben, durch Titration mit Jodlösung das auf der Faser vorhandene Jod bestimmt. In einem anderen Teil dieser Lösung wurde das darin enthaltene Gesamtjodid nach *Fresenius* [20] bestimmt. Die Differenz aus Jodid- und Jodmenge ergibt zwangläufig die Jodidmenge, die aus dem Kaliumjodid stammt, das zusammen mit dem Jod von der Faser sorbiert wurde. Wird diese Jodidmenge auf Kaliumjodid umgerechnet, so ist die Summe der in der Desorptionslösung gefundenen Jod- und Kaliumjodidmenge gleich der Gewichtszunahme der sorbierten Probe.

Das Ultrarotspektrum einer mit Jod nach Variante 2 und 3 behandelten Faser zeigt gegenüber dem der gleichen unbehandelten Faser keinen Unterschied. Eine chemische Veränderung der Faser durch die Jodbehandlung ist demnach nicht eingetreten.

*I. Matsubara* [19] und *H. Arimoto* [14] fanden an der Jodbehandlung unterworfenen Polyamiden deutliche Veränderungen im Ultrarotspektrum.

### 2.6. *Strukturuntersuchungen an mit Jod behandelten PVY-Fasern*

#### 2.6.1. *Querschnittbetrachtungen*

Die bei 90 °C mit Jod/Jodkalium-Lösung behandelten Fasern sind über den gesamten Querschnitt vom Jod durchdrungen und deutlich aufgequollen. Zum Vergleich sind in Bild 6 neben den jodierten unbehandelte Fasern mit gezeigt.

Mikroskopische Messungen der maximalen Durchmesser der hantel- bzw. nierenförmigen Querschnitte

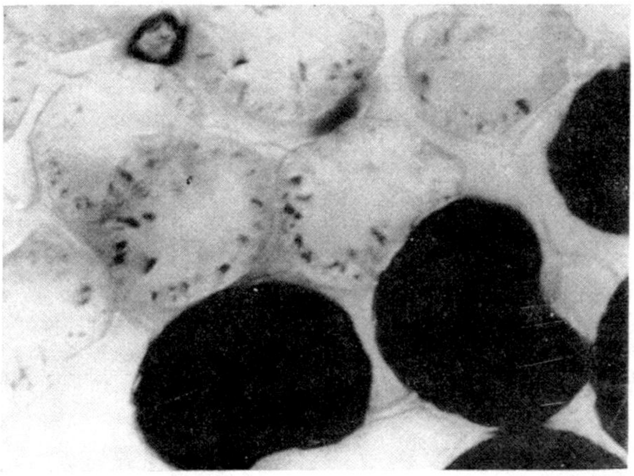

Bild 6. Lösungspolymerisatfasern, Verstr. 1:4, nach Variante 2 mit Jod behandelt und unbehandelt. Vergr. 400fach. Schnittdicke 30 μm

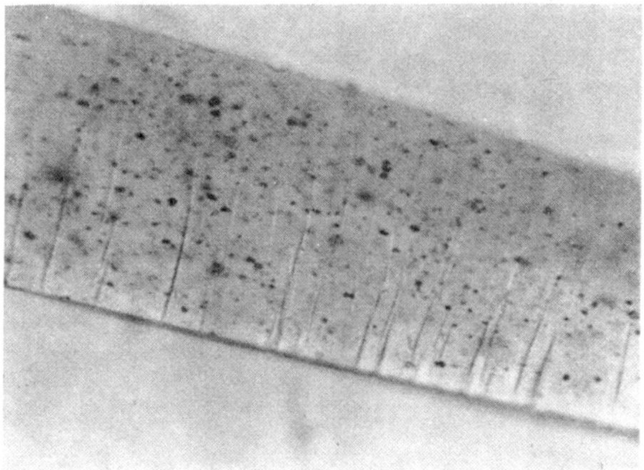

Bild 7. ORLON T 42, nach Variante 3 mit Jod behandelt, danach Jod desorbiert. Vergr. 800fach

der ORLON T 42- und Lösungspolymerisatfasern ergaben folgende Verhältnisse:

| | unbehandelte Faser | mit Jod nach Variante 3 behandelte Faser |
|---|---|---|
| ORLON T 42 | 40 ± 4 µm | 52 ± 8 µm |
| Lösungspolymerisat. Verstr. 1:6 | 43 ± 5 µm | 51 ± 10 µm |

Bild 7 zeigt die Längsansicht einer ORLON T 42-Faser, die nach Jodbehandlung nach Variante 3 mit Natriumthiosulfatlösung vom Jod befreit wurde. Der hier gezeigte Ausschnitt stammt vom Scheitelpunkt einer Kräuselwindung der Faser, an diesen Stellen sind die Querrisse besonders deutlich ausgebildet. Ähnliche Einbuchtungen quer zur Faserachse wurden von *Dolmetsch* [21] an Cellulosefasern und von *Jänsch* [22] an Polyamidborsten nach Entquellung und Trocknung der benzoylierten Oberflächenschicht beobachtet.

Bei WOLPRYLA P 65 sind nach der gleichen Behandlung keine Querrisse feststellbar. Die behandelte unterscheidet sich von der unbehandelten Faser nur durch die Dickenzunahme; in geringem Maße werden kurze Vertiefungen längs der Faserrichtung beobachtet.

Die gegenüber dem naßgesponnenen WOLPRYLA P 65 niedrigeren Werte der Reißkraft und des Anfangsmoduls sowie die Neigung zur Querrißbildung weisen darauf hin, daß das trockengesponnene ORLON T 42 im Vergleich zur naßgesponnenen Faser spröder ist.

Die mikroskopischen Untersuchungen der jodierten Fasern lassen erkennen, daß durch die Jodeinwirkung bei 90 °C größere strukturelle Änderungen als bei der Carrierbehandlung an den Fasern stattfinden.

#### 2.6.2. *Wasserrückhaltevermögen (WRV) jodierter PVY-Fasern*

Die strukturellen Veränderungen durch die Jodbehandlung spiegeln sich im WRV wider (Tabelle 5). Die Jodbehandlung führt bei ORLON, DRALON und WOLPRYLA P 65 zu einer Erhöhung des WRV; für CRYLOR und die Lösungspolymerisatfaser sind Abnahmen festzustellen. *Es ist auffallend, daß die jodhaltigen Proben in jedem Fall ein höheres WRV haben als die entfärbten Fasern.* Durch die Anwesenheit von Jod und KJ in der Faser ist die Zahl der für das Wasser zugänglichen Bereiche größer als bei den vom Jod befreiten Fasern. Beim Austritt des Jods hat sich die geöffnete Struktur der jodhaltigen Faser teilweise wieder geschlossen.

*Tabelle 5. Wasserrückhaltevermögen jodierter PVY-Fasern* [%]

| | Faser unbehandelt | Faser nach Var. 2 mit Jod beh., WRV berechnet auf jodfreie Faser | Faser vom Jod befreit |
|---|---|---|---|
| ORLON T 42 | 9,3 | 17 | 13,4 |
| DRALON N | 6,9 | 10 | 9,7 |
| WOLPRYLA P 65 | 5,5 | 7,2 | 5,6 |
| CRYLOR | 11,1 | 10 | 2,0 |
| Lösungspolymerisat, Verstr. 1:4 | 105,0 | 81,5 | 47,0 |

Ganz auffällig ist das bei der CRYLOR-Seide zu beobachten. Bei der Lösungspolymerisatfaser kann man sich vorstellen, daß die stark gelappte Oberfläche des unbehandelten Materials durch die Jodbehandlung eine Glättung erfährt und dadurch die Wasseraufnahme verringert wird. Es ist zu bedenken, daß es sich bei dem von der Faser zurückgehaltenen Wasser in der Hauptsache um an der Faseroberfläche haftendes Wasser handelt. Die Jodbehandlung bei 90 °C hat demnach teilweise zu einer beachtlichen Oberflächenvergrößerung geführt, die bei der Desorption des Jods wieder verringert wird.

#### 2.6.3. *Farbstoffaufnahmevermögen jodierter PVY-Fasern*

*Die Strukturveränderung durch Jodeinwirkung findet ihren Niederschlag auch im Farbstoffaufnahmevermögen der mit Jod behandelten Fasern.* Für diese Untersuchungen wurden die jodhaltigen und die vom Jod befreiten Faserproben eingesetzt. Zu den Färbeflotten der jodhaltigen Fasern wurde eine zur Reduktion des Jods ausreichende Menge n/10 Natriumthiosulfatlösung zugesetzt. Erwartungsgemäß führt die Jodbehandlung zu einer erhöhten Farbstoffaufnahme gegenüber den unbehandelten Fasern. In allen Fällen ist die Faser für beide eingesetzte Farbstoffe aufnahmefähiger, wenn die Färbung und die Befreiung vom Jod gleichzeitig durchgeführt werden. Dieser Befund deutet wieder darauf hin, daß die strukturelle Öffnung durch das Jod bei Entfernung desselben teilweise wieder rückgängig gemacht wird (Bilder 8 bis 11). Die Handelsfasern unterliegen der gleichen Tendenz (Tabelle 6).

Überraschenderweise konnte beim Lösungspolymerisat und der Versuchsfaser aus Teltow-Seehof an den nach Variante 2 behandelten und mit Astrazonblau B gefärbten Fasern sogar eine Zunahme der Farbstoffaufnahme mit der Verstreckung festgestellt werden (Bilder 8 und 9). *Dieses Ergebnis läßt sich mit folgender Modellvorstellung erklären:* Die Zahl der Hohlstellen nimmt mit steigender Verstreckung zu und die sie voneinander trennende Substanz wird in steigendem Maße durchlässiger. Die durch das Jod hervorgerufene Quellung begünstigt die Diffusion von Farbstoffmolekülen um so stärker, je feiner das Netzwerk profiliert ist. Die

*Tabelle 6. Farbstoffaufnahmevermögen jodbehandelter PVY-Fasern in mg/g Faser*

| | Fasern unbehandelt | Fasern mit Jod behandelt (Variante 2): Jod vor der Färbung entfernt | Fasern mit Jod behandelt (Variante 2): Jod während der Färbung entfernt |
|---|---|---|---|
| **Astrazonblau B** | | | |
| ORLON T 42 | 40 | 50 | 51 |
| DRALON N | 36 | 47,6 | 50 |
| CRYLOR | 2,5 | 9,5 | 10 |
| WOLPRYLA P 65 | 60 | 79 | 82 |
| **Cibacetblau F3R mikrodispers** | | | |
| ORLON T 42 | 6,6 | 8,5 | 8,7 |
| DRALON N | 6,1 | 7,5 | 8,9 |
| CRYLOR | 2,5 | 4,6 | 7,9 |
| WOLPRYLA P 65 | 5,9 | 7,6 | 9,9 |

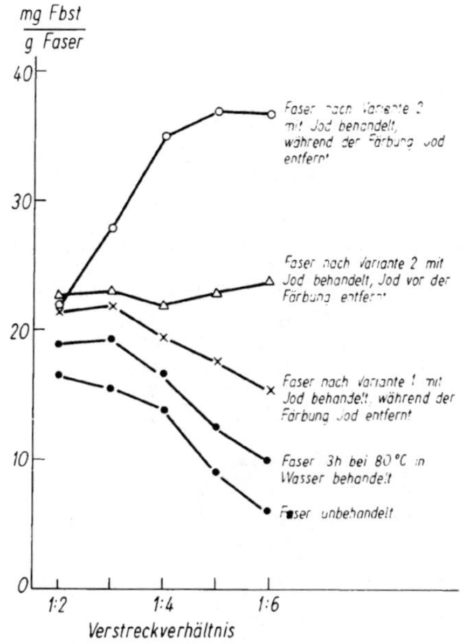


Bild 8. Anfärbung von Lösungspolymerisatfasern nach Jodbehandlung mit Astrazonblau B in Abhängigkeit von der Verstreckung

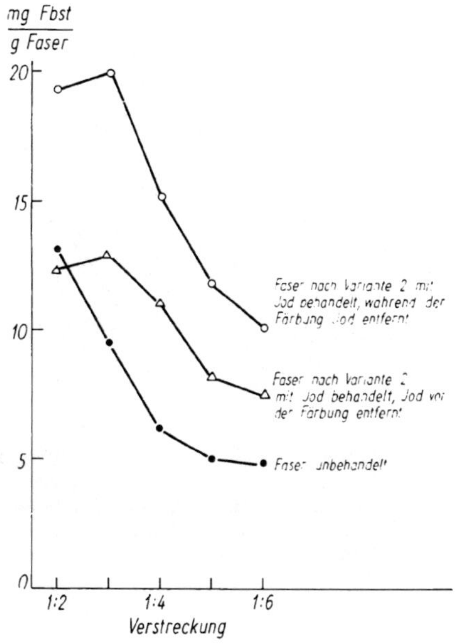


Bild 9. Anfärbung von Lösungspolymerisatfasern nach Jodbehandlung mit Cibacetblau F3R mikrodispers in Abhängigkeit von der Verstreckung

Wirkung wird dadurch verstärkt, daß der Platzwechselvorgang zwischen Jod und Farbstoffmolekül gleichzeitig stattfindet. Im Fall der Entfernung des Jods vor dem Färben geht ein Teil der Oberfläche wieder verloren, der beim Eindringen des Jods durch Quellung neu zugängig gemacht wurde. *Das Eindringen von Jod in die PVY-Faser führt zu einer Verbesserung der Anfärbung, die mit der durch die Anwesenheit von Carrier beim Färben von Polyesterfasern hervorgerufenen Färbebeschleunigung vergleichbar ist.*

Die Anfärbung der nach Variante 2 mit steigenden Jodmengen behandelten und vor der Färbung mit Natriumthiosulfat entfärbten Faser führt zu einem Rückgang der Farbstoffaufnahme (Bild 12). Die Einwirkung der hohen Jodkonzentration hat neben der starken Schrumpfung eine Verklebung der Faser zur Folge, die das Fasergefüge stark verdichtet und stellenweise zu einem Verschmelzen der Fasern führt. Makroskopische Faserschnitte zeigen, daß es bei solchen Faserproben nur zu Randfärbungen kommt.

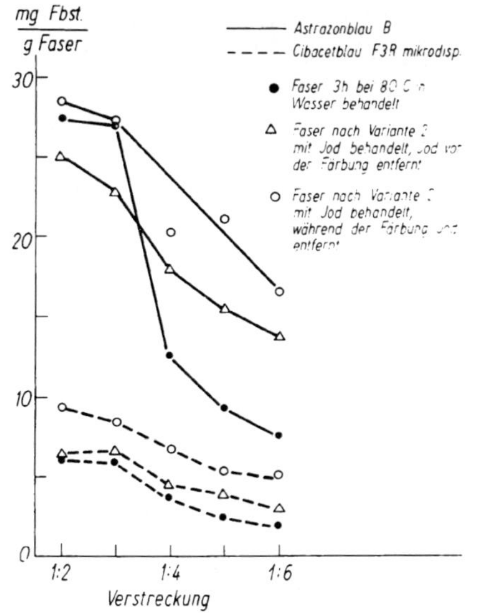


Bild 10. Anfärbung von Reinpolymerisatfasern nach Jodbehandlung in Abhängigkeit von der Verstreckung

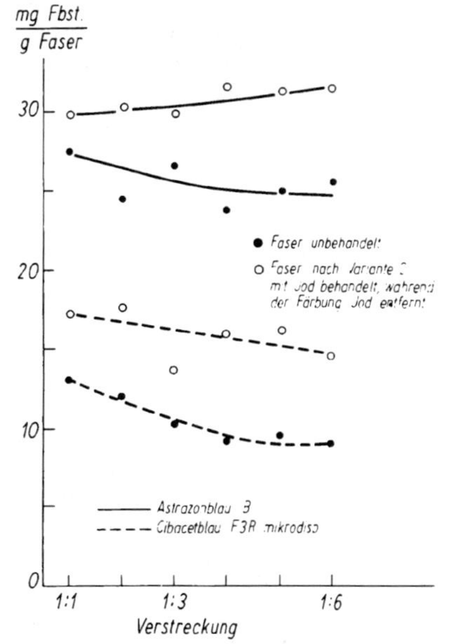


Bild 11. Anfärbung von PVY-Versuchsfasern (Teltow) nach Jodbehandlung in Abhängigkeit von der Verstreckung

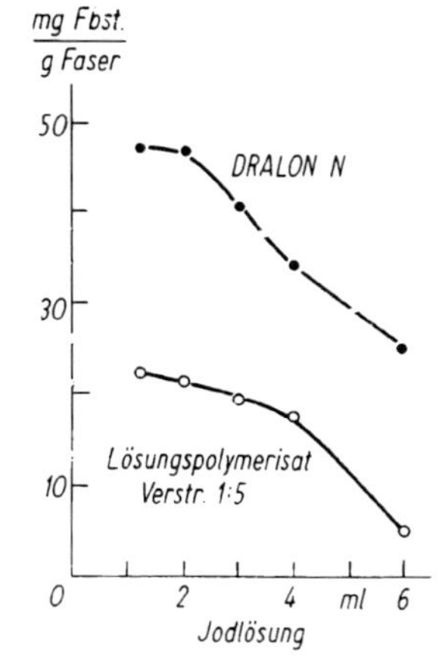


Bild 12. Anfärbung mit Astrazonblau B in Abhängigkeit von der Jodbehandlung nach Variante 2

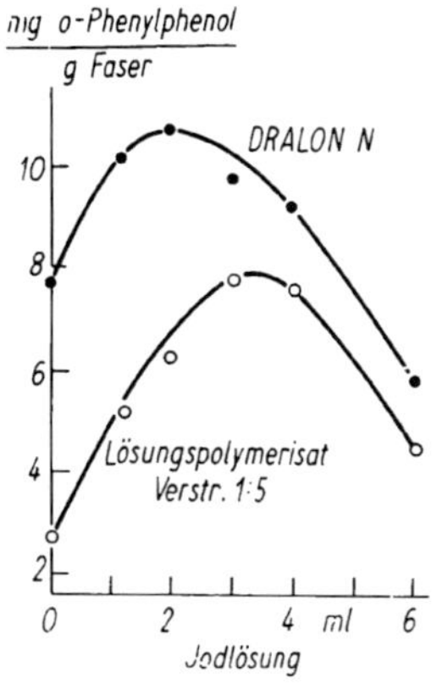


Bild 13. Phenolaufnahme in Abhängigkeit von der Jodbehandlung nach Variante 2

### 2.6.4. *Aufnahme von o-Phenylphenol durch jodierte PVY-Fasern*

Es wurde die Phenolaufnahme von PVY-Fasern gemessen, die nach Variante 2 mit steigenden Jodmengen behandelt und danach wieder vom Jod befreit wurden. 0,2 g Fasermaterial wurden mit 1 g/l Remol TRF 3 h bei Siedetemperatur behandelt. Die Phenolaufnahme durchläuft mit steigenden Jodmengen ein Maximum (Bild 13). Im ansteigenden Kurventeil führt die Jodbehandlung, ähnlich wie bei der Farbstoffaufnahme, durch Quellung der Faser zu einer erhöhten Phenolaufnahme. Die Abnahme der Phenolaufnahme nach dem Maximum ist durch die starke Verdichtung durch Schrumpfung und Verklebung der Faserstruktur zu erklären.

Bei der Farbstoffsorption der mit steigenden Jodmengen behandelten und entfärbten Fasern tritt sofort eine Abnahme ein (Bild 12), während bei der Phenolaufnahme zunächst ein Anstieg gefunden wird. *Die für das Phenol zugängigen Stellen der Faser sind demnach von anderer Größenordnung als die für den Farbstoff zugängigen Stellen.*

### 2.6.5. *Schrumpfungsmessungen an jodierten PVY-Fasern*

Die durch die Jodbehandlung hervorgerufene Quellung der Fasern hat naturgemäß eine Verkürzung der Fasern zur Folge. Die in Tabelle 7 zusammengestellten Ergebnisse sind Mittelwerte von jeweils drei Messungen. Die Fehlergrenze liegt bei $\pm 2\%$.

Nach der Jodbehandlung nach Variante 1 zeigt die Schrumpfung fast die gleichen Werte wie nach einer Behandlung in Wasser von 90 °C sowie das schon bei früheren Untersuchungen beobachtete Maximum bei der Verstreckung 1:3. Mit der Jodmenge und der Intensität der Jodeinwirkung nimmt die Schrumpfung zu. Bei der Jodierung von Polyamidfäden teilen *J. E. Ford* und *J. O. Warwicker* [23] eine Schrumpfung von ca. 15% mit. Nach Entfernung des Jods aus den Fasern finden die Autoren eine weitere Verkürzung um 7%. Bei den hier untersuchten Lösungspolymerisatfasern

*Tabelle 7. Schrumpfung von Lösungspolymerisatfasern unterschiedlicher Verstreckung durch die Jodbehandlung*

| | Längenabnahme in % der unbehandelten Fasern | | |
|---|---|---|---|
| | nach der Jodbehandlung | nach der Entfärbung | Behandlung in $H_2O$ bei 90 °C |
| **Behandlung nach Variante 1** | | | |
| L. P. Verstr. 1:2 | 14,1 | 14,2 | 11,1 |
| 1:3 | 17,3 | 17,7 | 18,0 |
| 1:4 | 16,7 | 21,0 | 14,5 |
| 1:5 | 12,3 | 25,4 | 13,3 |
| 1:6 | 11,9 | 23,8 | 13,0 |
| **Behandlung nach Variante 2** | | | |
| L. P. Verstr. 1:2 | 23 | 30 | |
| 1:3 | 30 | 32 | |
| 1:4 | 28 | 31 | |
| 1:5 | 31 | 35 | |
| 1:6 | 28 | 32 | |
| **Behandlung nach Variante 3** | | | |
| L. P. Verstr. 1:2 | 53 | 58 | |
| 1:3 | 58 | 63 | |
| 1:4 | 63 | 65 | |
| 1:5 | 67 | 69 | |
| 1:6 | 74 | 75 | |

nimmt die Schrumpfung bei der Befreiung der Fasern vom Jod nur unbedeutend zu. Am stärksten ist die Zunahme bei der Entfärbung der höheren Verstreckungen der nach Variante 1 behandelten Fasern.

Nach Behandlung der Fasern nach Variante 2 ist die Schrumpfung bei allen untersuchten Verstreckstufen nahezu gleich und nimmt bei Variante 3 mit der Verstreckung deutlich zu.

Auf Grund dieses Befundes ist die mit steigender Verstreckung gemessene Zunahme der Jodzahl bei der Jodsorption nach den Varianten 1 und 2 nicht dadurch zu erklären, daß durch eine verstärkte Schrumpfung mit steigender Verstreckung für die Jodaufnahme zugängliche Bereiche geschaffen werden. Eine solche Ausdeutung ist erst bei Variante 3 zu diskutieren.

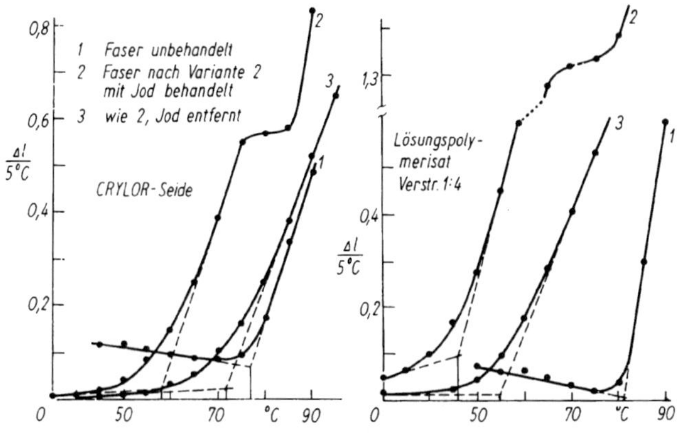


Bild 14. Glasumwandlungspunkte von PVY-Fasern nach Jodbehandlung

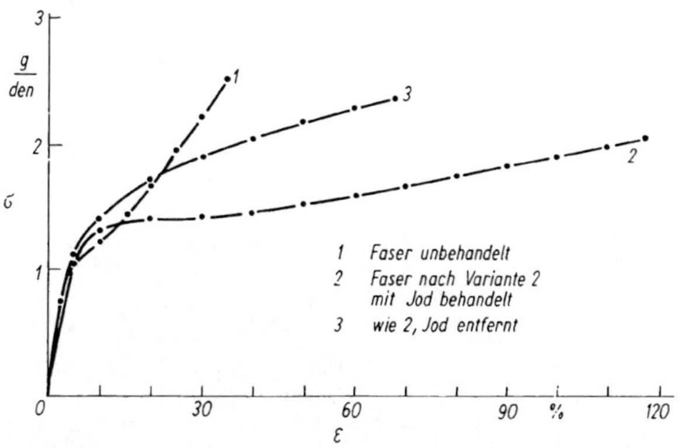


Bild 15. Kraft-Dehnungs-Linien von ORLON T 42 nach Jodbehandlung

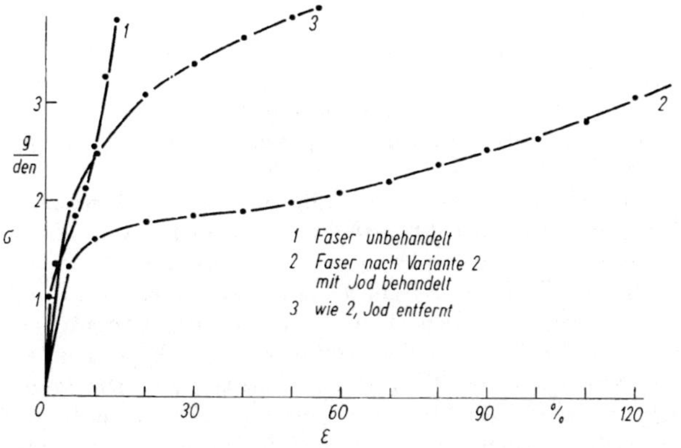


Bild 16. Kraft-Dehnungs-Linien von Lösungspolymerisatfasern, Verstr. 1:6, nach Jodbehandlung

*2.6.6. Glasumwandlungspunkt jodierter PVY-Fasern*

Die Jodbehandlung nach Variante 2 führt zu einer starken Herabsetzung des Glasumwandlungspunktes. Die durch das Jod hervorgerufene Quellung und Schrumpfung bewirkt eine räumliche Entfernung der Polymerketten voneinander. Dadurch wird das Fließen unter dem Einfluß der am Faden ziehenden Last bereits bei niedrigeren Temperaturen als beim unbehandelten Faden ermöglicht (Bild 14). Nach der Entfernung des Jods aus dem Faden strebt der Umwandlungspunkt dem Wert zu, der beim unbehandelten Faden gemessen wurde. Die Kurvenform ist dabei eine andere, aber die Projektion des Tangentenschnittpunktes auf die Temperaturachse ist nahe der der unbehandelten Faser. Daraus ist zu schließen, daß die durch das Jod in der Faser bewirkte Lockerung des Gefüges der Polymerketten beim Entfernen des Jods teilweise wieder aufgehoben wird. Die Kurven der jodhaltigen Fasern zeigen nach erfolgter Dehnung einen Wendepunkt, der darauf hindeutet, daß die Faser an dieser Stelle einer Festigung unterworfen wird. Diese wird dann bei weiterer Temperaturerhöhung überwunden. Unterstützt wird diese Überlegung dadurch, daß während der Messung die dunkle Farbe des Fadens verschwand. Die Diffusion des Jods aus dem Faden, der sich im plastischen Fließzustand befindet, ermöglicht eine Neuorientierung der Polymerketten, die dann zur vorübergehenden Verfestigung führt. Allerdings ist diese Lage des Wendepunktes nicht reproduzierbar.

*2.6.7. Kraft-Dehnungsmessungen an jodierten PVY-Fasern*

Wegen der starken Schrumpfung und Desorientierung der Faser durch die Jodbehandlung nach Variante 2 findet man eine sehr hohe Dehnung solcher Fasern. In Übereinstimmung mit den Vorstellungen über die Abnahme der Gleitfähigkeit der Polymerketten nach der Jodentfernung nimmt auch hier die Dehnung nach der Entfernung des Jods wieder ab, ohne jedoch den Wert der unbehandelten Fasern wieder zu erreichen (Bild 15 und 16). Der Kurvenverlauf zeigt, daß bei der vom Jod befreiten Faser nach dem Fließbereich keine Verfestigung eintritt, wie dies bei unbehandelten Fasern im Teil III der K-D-Linie beobachtet wird. Die durch die Jodbehandlung bewirkte Abnahme der Reißkraft wird in den meisten Fällen mit der Jodentfernung zum Teil rückgängig gemacht. Die Unterschiede in den K-D-Linien zwischen jodhaltiger und jodfreier Faser werden erst bei höherer Verstreckung deutlich.

*2.6.8. Röntgenographische Untersuchungen jodierter PVY-Fasern*

Wie die Bilder 17 und 18 zeigen, findet eine Desorientierung sowie eine Abnahme des Ordnungsgrades durch die Einwirkung des Jods nach Variante 2 auf die Faser statt. Wird die Reduktion des Jods mit der Anfärbung mit Astrazonblau B verbunden, so findet man im Vergleich mit der Entfernung des Jods vor der Färbung

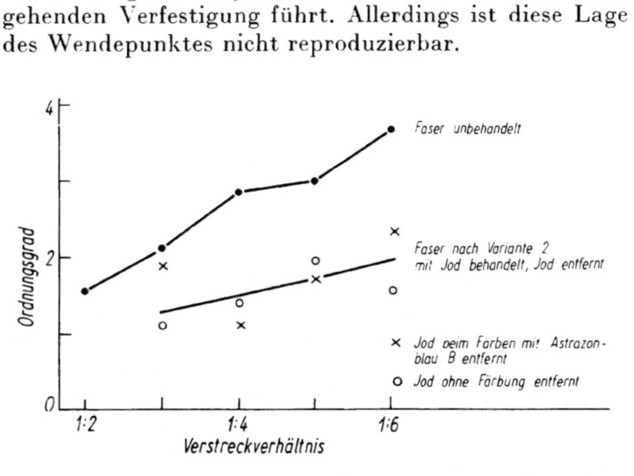


Bild 17. Orientierung von jodierten Lösungspolymerisatfasern in Abhängigkeit von der Verstreckung

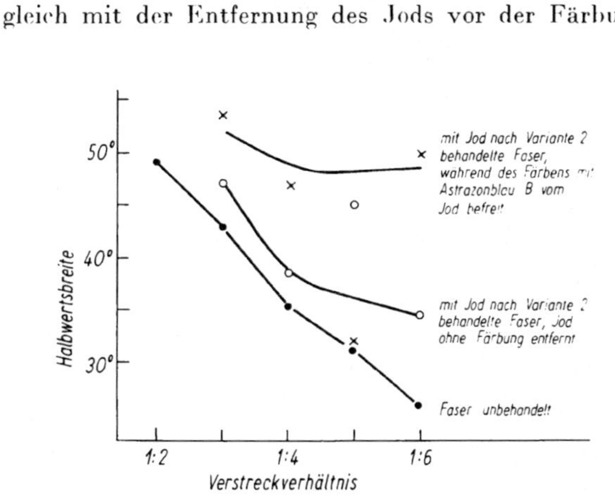


Bild 18. Ordnungsgrad von jodierten Lösungspolymerisatfasern in Abhängigkeit von der Verstreckung

nur in der Orientierung einen Unterschied. Die höhere Desorientierung bei der Anfärbung ist ein Folge der höheren Farbstoffaufnahme der mit Jod behandelten Fasern, wenn die Anfärbung mit der Reduktion und damit der Entfernung des Jods verbunden wird. Beim Austritt der Jodmoleküle aus der Faser können an deren Stelle Farbstoffmoleküle ins Faserinnere eindringen, ehe die Struktur sich wieder schließt. Aus diesen Ergebnissen muß auch geschlossen werden, daß die jodhaltigen Fasern stärker desorientiert sind als die vom Jod befreiten Fasern. Leider sind Röntgenmessungen an nach Variante 2 mit Jod behandelten Fasern nicht möglich, da durch die starke Absorption der Röntgenstrahlen durch das Jod keine auswertbaren Aufnahmen erhalten werden. Aus diesem Grunde wurde die zur Jodbehandlung des PVY-Fasermaterials verwandte Jodlösung stufenweise verdünnt und die Behandlung der Fasern nach Variante 2 mit Jodlösungen steigender Konzentration durchgeführt. Die Fasern wurden mit Verdünnungen der Jod/Jodkalium-Lösung mit Wasser in den Verhältnissen von 1:40 bis 1:1 behandelt. Es wurden auswertbare Röntgendiagramme bis zur halben Konzentration der ursprünglichen Jod/Jodkalium-Lösung erhalten. Für das Lösungspolymerisat Verstr. 1:5 ergaben sich bei dieser Behandlungskonzentration (Jod/Jodkalium-Lösung: Wasser = 1:1) folgende Werte:

| | Faser unbehandelt | Faser mit Jod behandelt | Faser mit Jod beh., Jod entfernt |
|---|---|---|---|
| Ordnungsgrad | 3,03 | 0,39 | 1,68 |
| Halbwertsbreite | 31,5° | 55,5° | 41,0° |

Die Werte für die vom Jod befreite Faser liegen zwischen denen der unbehandelten und denen der jodhaltigen Faser. Diese Reihenfolge wurde bereits bei verschiedenen Untersuchungen festgestellt.

Die starke Desorientierung und die deutliche Abnahme des Ordnungsgrades tritt erst bei der Behandlungskonzentration Jod/Jodkalium-Lösung: Wasser = = 1:1 auf.

Mit steigender Jodkonzentration änderte sich ab einer Behandlungskonzentration Jod/Jodkalium-Lösung: Wasser = 1:5 der *d*-Werte des Polyacrylnitril-Reflexes (100) von 4,95 Å auf 4,7 Å. Gleichzeitig treten von dieser Konzentration an aufwärts neben den Polyacrylnitril-Reflexen (100) und (110) zusätzliche Reflexe auf. In Tabelle 8 sind die *d*-Werte dieser Reflexe in der Reihenfolge Aufnahmemittelpunkt — Peripherie der Aufnahme zusammengestellt. Ein Teil der Reflexe kann dem auf der Faser befindlichen Jod bzw. Kaliumjodid zugeordnet werden, wie aus einer angefertigten Röntgenaufnahme von Jodkristallen, der Arbeit von *K. Hess* u. Mitarb. [16] und dem Tabellenwerk von *L. I. Mirkin* [24] hervorgeht.

Die Reflexe 1 bis 4, 7, 8 und evtl. der meridionale Reflex werden möglicherweise durch eine auf die Jodbehandlung zurückzuführende Veränderung der Polyacrylnitrilstruktur hervorgerufen. Nach der Entfernung des Jods von der Faser konnten nur die Polyacrylnitrilreflexe (100) und (110) gefunden werden.

*Tabelle 8. Berechnete Netzebenenabstände aus den Reflexen*

| Reflex | *d*-Wert | Identifizierung | Literatur |
|---|---|---|---|
| 1 | 20,2 | | |
| 2 | 10,3 | | |
| 3 | 6,9 | | |
| 4 | 5,6 | | |
| 5 | 4,7 | Polyacrylnitril (100) | |
| 6 | 4,1 | Kaliumjodid (111) | [24] |
| 7 | 3,9 | | |
| 8 | 3,6 | Jod (111) | [16] [24] |
| 9 | 3,4 | | |
| 10 | 3,1 | Jod (112) | [16] [24] |
| 11 | 2,85 | Polyacrylnitril (110) | |
| 12 | 2,9 | meridionaler Reflex | |
| 13 | 2,4 | Jod (200) | [16] [24] |

Diese Ergebnisse stehen in Übereinstimmung mit den Darlegungen von *K. Hess* u. Mitarb. [16], in denen durch Behandlung von Cellulosefasern mit steigenden Jodkonzentrationen ohne sprunghafte Änderung der Sorptionskurve eine plötzliche Veränderung der Kristallstruktur beschrieben wird.

### 2.7. *Diskussion der Ergebnisse*

Einen wesentlich wirksameren „Carrier" für PVY-Fasern stellt die Heißbehandlung der Fasern mit Jod/Jodkalium-Lösung dar. Das Anfärbevermögen für Astrazonblau B und für Cibacetblau F3B mikrodispers wird entscheidend erhöht. Es treten bei dieser Jodbehandlung an den Fasern Feinstrukturveränderungen auf, die mit den in der vorliegenden Arbeit beschriebenen Strukturuntersuchungsmethoden gut nachgewiesen werden können. Chemische Veränderungen der Fasern treten dabei nicht auf.

Die durch die Jodbehandlung hervorgerufene strukturelle Auflockerung der PVY-Faser ist als Modell zum Studium der Carrierwirkung geeignet. Die Auflockerung der PVY-Fasern äußert sich neben der höheren Anfärbbarkeit in einer Erhöhung von Schrumpfung, Quellung, Phenolaufnahme, WRV und Reißdehnung sowie in einer Verringerung der Glasumwandlungstemperatur, der Reißkraft, der Orientierung und des Ordnungsgrades der PVY-Fasern. An der Veränderung dieser Parameter wird gezeigt, daß das Jod wie ein Keil die Polymerketten auseinander drängt. Nach Entfernung desselben schließt sich die Struktur wieder, ohne jedoch den Ausgangszustand zu erreichen. Bei den Versuchsfasern zeichnet sich eine Besonderheit ab: für o-Phenylphenol und Jod steigt bei ausreichender Einwirkungszeit ihr Aufnahmevermögen mit der Verstreckung an. Diese Tatsache kann durch eine Zunahme von Bereichen mit steigender Verstreckung erklärt werden, aus denen beide Stoffe nicht mehr herausdiffundieren können. Diese Bereiche entstehen durch fibrilläre Aufspaltung bei der Verstreckung und, wie die Messung der Phenolaufnahme zeigt, beim Erhitzen der Fasern. So ist auch die gegenüber den Versuchsfasern wesentlich höhere Phenolaufnahme der Trockengespinste ORLON T 42 und DRALON N zu verstehen, denn diese haben bei der Herstellung höhere Temperaturen erfahren als die Versuchsfasern.

Diese bereits von *J. P. Knudsen* u. Mitarb. [25] beschriebene fibrilläre Aufspaltung mit zunehmender Verstreckung führt auch zu der Erhöhung der Farbstoffaufnahme bei Versuchsfasern mit steigender Verstreckung, wenn diese PVY-Fasern vor der Färbung einer intensiven Jodeinwirkung ausgesetzt werden. Die durch das Jod hervorgerufene Quellung macht den Farbstoffmolekülen die mit der Verstreckung in zunehmendem Maße gebildeten Mikrohohlstellen zugänglich.

Bei den unbehandelten Versuchsfasern nimmt die Aufnahme von Farbstoff mit der Verstreckung naturgemäß ab, da die Parallelisierung und Orientierung der Polymerketten mit steigender Verstreckung zu einer Verdichtung des Fasergefüges führt, die die Auswirkungen des Hohlstellengehaltes überkompensiert.

Bei den Sorptions- und Schrumpfungsmessungen wird ein Maximum bei der Verstreckung 1:3 gefunden. Die verknäuelten Polymerketten in der sehr niedrig verstreckten Faser bilden einen gespannten Zustand, der in seine Ausgangslage zurückstrebt. Durch Zufuhr von Wärmeenergie werden die Polymerketten beweglicher und können sich der aufgezwungenen Spannung entziehen, was sich makroskopisch in einer Schrumpfung der Faser äußert. Bei weiterer Verstreckung wird dann ein Punkt erreicht, bei dem die Schrumpfung mehr und mehr abnimmt, da die Polymerketten ausgerichtet, parallelisiert und damit im Gefüge verfestigt werden. Die Überlagerung des Entropie-Effektes durch den Effekt der zunehmenden Verfestigung führt zu diesem Schrumpfungsmaximum der Versuchsfasern. Dadurch werden auch die bei der gleichen Verstreckstufe gefundenen Maxima bei Sorptionsuntersuchungen erklärt, die unter Temperatur- oder Quellwirkung verlaufen.

## *Zusammenfassung*

1. Die Jodsorptionswerte der PVY-Handelsfasern nach einer Jodeinwirkung von 5 min bei Zimmertemperatur unterscheiden sich unbedeutend voneinander. Bei den Versuchsfasern wird eine Abnahme der Jodzahlen mit steigender Verstreckung mit einem Maximum bei der Verstreckstufe 1:3 gefunden. Carrier- und Temperatureinwirkung führen bei den Versuchsfasern zu niedrigeren Jodzahlen. Die hier durchgeführte Jodsorption bleibt auf das Eindringen des Jods auf Randzonen der Fasern beschränkt.
2. Die Einwirkung des Jods auf die PVY-Fasern bei der unter 1 genannten Jodsorption wurde durch Erhöhung der Einwirkungszeit und der -temperatur intensiviert. Dabei wurde festgestellt, daß die sorbierte Faser neben Jod Kaliumjodid enthält. Beide Stoffe wurden quantitativ bestimmt. Durch viskosimetrische Messungen wurde festgestellt, daß die Jodbehandlung der Fasern zu keiner nennenswerten DP-Änderung führt.
   An den jodierten Faserproben wurden Strukturuntersuchungen durchgeführt.
3. Die modifizierte Jodsorption führt zu einer Zunahme der Jodzahlen der Versuchsfasern mit steigender Verstreckung. Es besteht ein Verteilungsgleichgewicht zwischen dem Jod in der Behandlungslösung und im Fasermaterial.
4. Die jodierten PVY-Fasern haben ein höheres WRV als die durch Natriumthiosulfat vom Jod befreiten Fasern.
5. Die jodierten und danach vom Jod befreiten PVY-Fasern besitzen gegenüber den unbehandelten Fasern ein höheres Farbstoffaufnahmevermögen für Cibacetblau F3R mikrodispers und für Astrazonblau B. Die Farbstoffaufnahme wird über diesen Betrag hinaus gesteigert, wenn die Entfernung des Jods mit dem Färbevorgang gekoppelt wird.
6. Die Jodierung der PVY-Fasern ist mit einer starken Schrumpfung verbunden, die eine Querschnittsvergrößerung der Fasern zur Folge hat.
7. Durch die Jodierung wird die Glasumwandlungstemperatur der PVY-Fasern herabgesetzt. Der Glasumwandlungspunkt der vom Jod befreiten Fasern liegt zwischen dem der jodierten und dem der unbehandelten Faser.
8. Die Jodierung der PVY-Fasern führt zu einer Verminderung der Reißfestigkeit und zu einer Erhöhung der Reißdehnung auf ca. 120%. Nach der Entfernung des Jods aus der Faser erreicht die Reißkraft fast den Wert der unbehandelten Fasern und die Reißdehnung geht auf 60% zurück.
9. Die Jodierung bewirkt bei den PVY-Fasern eine rötgenographisch meßbare Desorientierung und eine Abnahme des Ordnungsgrades. Nach der Entfernung des Jods liegen die Werte beider Parameter zwischen denen der jodhaltigen und denen der unbehandelten Fasern.
   Ab einer bestimmten Jodkonzentration der Behandlungslösung treten im Röntgendiagramm Reflexe neuer Netzebenen auf. Die Desorientierung und Verringerung des Ordnungsgrades wird ebenfalls ab einer bestimmten Jodkonzentration der Behandlungslösung meßbar.

## *Literatur*


[1] *Schwertassek, K.*: 30 Jahre Strukturstudien an Cellulosefasern mittels Jodsorption. Faserforsch. u. Textiltechnik **12** (1961) S. 369—375.
[2] *Cramer, F.*: Einschlußverbindungen. Berlin/Göttingen/Heidelberg: Springer 1954.
[3] *Schwertassek, K.*, und *Janáckova, G.*: Die Anwendung der Jodsorption zum Studium von Strukturveränderungen an Polyamidfasern. Faserforsch. u. Textiltechnik **10** (1959) S. 472—475.
[4] *Vollrath, L.*: Zur Fixiergradprüfung bei Polyamidfaserstoffen (PA6). Dt. Textiltechnik **15** (1965) S. 614—618.
[5] *Petzold, H.*: Über das thermische Verhalten von Polyester-Fasern und dessen Einflüsse auf die Veredlung. Dissertation TH Dresden 1959.
[6] *Grimm, H.*: Zur Kenntnis der Feinstrukturveränderungen von Polyesterfaserstoffen bei textilen Veredlungsprozessen. Dissertation TU Dresden 1963.
[7] *Lacko, V.*: Bestimmung der Jodsorption durch Polyesterfasern. Faserforsch. u. Textiltechnik **16** (1965) S. 160—161.
[8] *Schumann, E.*: Untersuchung der Kristallinität von Synthesefasern mittels der Jodsorptionsmethoden von *Schwertassek*. Diplomarbeit TH Dresden, 1961.
[9] *Negwer, G.*: Untersuchung der Kristallinität von Synthesefasern mittels der Jodsorptionsmethode. Diplomarbeit TH Dresden 1960.
[10] *Richter, K.*: Beitrag zur chemischen Charakterisierung der Polyacrylnitril- und Polyesterfasern. Dt. Textiltechnik **11** (1961) S. 316—320.
[11] *Fester, W.*: Chemische und physikalisch-chemische Veränderungen von Polyacrylnitrilfasern nach Wärmebehandlungen. Dissertation TH Aachen 1960.
[12] *Würthle, P.*: Beiträge zum Bleichen von Polyacrylnitrilfasern. Dissertation TU Dresden 1964.
[13] *Lenzer, M.*: Zur Kenntnis der Feinstrukturveränderungen von Polyacrylnitrilfasern im Rahmen textiler Veredlungsprozesse. Dissertation TU Dresden 1967; Faserforsch. u. Textiltechnik **20** (1969) 1, S. 1—10.
[14] *Arimoto, H.*: Iodine treatment of Nylon 6. Kobunshi Kagaku Tokyo (Chem. High Polymers) **19** (1966) S. 101—108.
[15] *Baldrian, J.*: Jodkomplexe des Polycaprolactams. Coll. czechoslov. chem. Commun. **31** (1966) S. 1017—1027.

[16] *Hess, K., Steinmann, R., Kiessig, H.,* und *Avisiers, J.*: Einlagerung von Jod und Thallium in die gitterungeordneten und gittergeordneten Bereiche von Cellulosefasern; ein Beitrag zur Reaktionsweise von Cellulose. Kolloid-Z. **153** (1957) S. 128–155.
[17] Privatmitteilung Dr. *Flath.*
[18] *Biltz, H.,* und *Biltz, W.*: Ausführung quantitativer Analysen. 7. Aufl., Stuttgart: Hirzel 1955. S. 398–399.
[19] *Matsubare, I.,* und *Magill, J. H.*: An infrared study of the interaction of polyamides with iodine in iodine-Potassium iodine solution. Polymer, London **7** (1966) S. 199–219.
[20] *Müller, G. O.*: Praktikum der quantitativen chemischen Analyse. Leipzig Hirzel 1966.
[21] *Dolmetsch, H.*: Form, Ursache und Auswirkung der periodischen Querstreifung in Faserstrukturen. Melliand Textilchemie **1** (1965) S. 37–44.
[22] *Jänsch, M.*: Modifizierung der Eigenschaften von Polycaprolactamfaserstoffen durch partielle Benzoylierung. Dissertation TU Dresden 1964.
[23] *Ford, J. E.,* und *Warwicker, J. O.*: The effect of iodine on nylon 66. J. Textile Inst. **51** (1966) S. T80 bis T82.
[24] *Mirkin, L. I.*: Handbuch der Röntgenstrukturanalyse der Polykristalle. Moskau: Staatl. Verlag physikal.-mathemat. Literatur 1961.

*Eingegangen am 2. August 1968*

# Untersuchungen zur thermischen Verfärbung des Polyacrylnitrils[1]

## Messung der Verfärbung und Vorrichtung zur Prüfung der thermischen Beständigkeit von Polyacrylnitrilpulvern

*Werner Makschin und Joachim Ulbricht*

*Deutsche Akademie der Wissenschaften zu Berlin, Institut für Faserstoff-Forschung in Teltow-Seehof,*

*TH für Chemie „Carl Schorlemmer" Leuna-Merseburg, Institut für Hochpolymere*

DK 678.745.32–492.2:620.191.7:536.495
535.365.1:535.668.8

Für die Ermittlung der thermischen Beständigkeit und der Verfärbung von Acrylnitrilpolymeren wird die Verwendung pulverförmiger Proben empfohlen. Eine Apparatur zur thermischen Behandlung von Polymerpulvern in einem beliebigen Gasmedium wird beschrieben, die vor allem die aus der schlechten Wärmeleitfähigkeit herrührenden Fehler eliminiert. Die Messung der Verfärbung erfolgt durch Bestimmung des Reflexionsgrades. Als Maßzahl wird die Größe „prozentualer Verfärbungsgrad", das ist die relative Änderung des Weißgrades in Prozent, vorgeschlagen und anderen Meßgrößen gegenübergestellt.

*К вопросу о термическом пожелтении полиакрилонитрила*
*Измерение степени пожелтения и устройство для испытания порошков полиакрилонитрила на термическую устойчивость*

С целью определения термической устойчивости и пожелтения полимеров акрилонитрила рекомендуется применение порошкообразных образцов. Описан прибор для термической обработки порошков полимеров в любой среде, позволяющий избежать, прежде всего, ошибок из-за плохой теплопроводности образца. Степень пожелтения определяется путем измерения степени отражения. В качестве показателя предлагается величина „процентной степени пожелтения", т. е. относительного изменения белизны в процентах, которое сравнивается с другими измеряемыми величинами.

*Investigations of the thermal Discolouration of Polyacrylonitrile*
*Determination of the Discolouration and Device for Testing the Thermostability of Polyacrylonitrile Powders*

A method is proposed for determining the thermostability and discolouration of polyacrylonitrile by treating powder of the polymer under any gaseous medium in a device allowing to account for the errors caused by poor thermal conductivity. The discolouration is estimated from reflectance data and expressed as "percentage discolouration", i.e. the relative change of the degree whiteness in percent. This measure is compared with other relevant quantities.

### *1. Einführung*

Polyacrylnitril verfärbt sich beim Erhitzen zunehmend von gelb über braun nach schwarz. Diese Verfärbungsreaktion kann beim Zusammentreffen mehrerer ungünstiger Parameter ein solches Ausmaß annehmen, daß sie z. B. bei der Acrylfaserproduktion zu einem ernsthaften technologischen Problem wird. Die meßbare Erfassung der auftretenden Verfärbung ist deshalb sowohl aus technologischen Gründen als auch vom Reaktionsmechanismus her gleichermaßen interessant. In der vorliegenden Mitteilung wird eine erprobte einfache Methode zur Messung der Verfärbung und eine Vorrichtung zur Prüfung der thermischen Beständigkeit von Polyacrylnitrilpulvern beschrieben.

[1]) Teil der Dissertation *W. Makschin*, TH für Chemie Leuna-Merseburg 1967.

### *2. Messung der Verfärbung*

Mit zunehmender Verfärbung des Polyacrylnitrils nimmt dessen Löslichkeit in den üblichen Lösungsmitteln rasch ab. Das Fortschreiten der Verfärbungsreaktion kann daher an Lösungen der erhitzten Proben nur in einem sehr engen Schädigungsbereich spektroskopisch verfolgt werden. Die ultrarotspektroskopische Analyse gestattet zwar die Verwendung pulverförmiger Proben, z. B. in Form der KBr-Preßlinge, setzt jedoch die Kenntnis der Struktur des entstandenen Chromophors voraus, um die geeignete Absorptionsbande auswählen zu können. Darüber hinaus sind die Ultrarotspektren erst in einem relativ fortgeschrittenen Stadium der Verfärbung auswertbar, zeigen dann aber eine sehr komplexe Struktur. Aus diesen Gründen begnügen sich viele Autoren mit der visuellen Beurteilung der Verfärbung oder einem visuellen Vergleich mit einer willkürlichen Bezugsskala [1, 2, 3]. Feinere Unterschiede vermag dieses einfache subjektive Verfahren nicht zu erfassen.

Die relativ wenig geübte Methode der Reflexionsspektroskopie von Festkörpern schien uns zur Beurteilung der auftretenden Absorptionsänderungen besonders geeignet zu sein. Bei entsprechendem apparativem Ausbau ist diese Methode zur kontinuierlichen Messung während der thermischen Behandlung der Proben geeignet.

### 2.1. *Meßgrößen*

Als physikalisch eindeutig definierte Größe bestimmten wir das Reflexionsvermögen bzw. den Remissionsgrad. Wegen der gelben oder gelbroten Farbe der verfärbten Polymeren erfolgt die Messung im blauen Spektralbereich. Bei der gebrauchswertmäßigen Beurteilung wenig verfärbter Proben, wie sie den Faserhersteller in erster Linie interessiert, wird diese Methode nur ungenügende Übereinstimmung mit der letztlich entscheidenden visuellen Beurteilung ergeben. Die Abweichungen sind dadurch bedingt, daß dem menschlichen Auge weiße Flächen mit einem blauen Farbstich heller erscheinen als eine gleich stark reflektierende Fläche mit gelblichem Farbstich. Ein Maßstab für die subjektive Beurteilung annähernd weißer Flächen ist der Weißgrad der Proben. Der Größe Weißgrad ($W$) liegt die genannte Feststellung zugrunde, wonach die beobachtete Helligkeit durch einen Farbstich mehr oder weniger verfälscht wird. Bezeichnet man die Remissionsgrade im blauen und roten Spektralbereich mit $R$ und $B$, so ist die Differenz $R - B$ eine Maßzahl für einen gelben Farbstich. Da $W$ um so kleiner wird, je größer der Farbstich der Probe ist, gilt

$$W = B - c\,(R - B).$$

Setzt man nach *Stephansen* [4, 5] $c = 1$, dann folgt

$$W = 2B - R.$$

Diese Beziehung ergibt die beste Übereinstimmung von $W$ mit den visuellen Werten (Korrelationskoeffizient 0,91 [6]). In der angelsächsischen Literatur findet man daneben noch die Bezeichnung „Yellowness" ($Y$) oder deren hundertfachen Wert, der gelegentlich auch als „Farbzahl" (fibre colour value) bezeichnet wird. Diese Größen beschreiben die relative Zunahme des Farbstiches. Als Bezugsgröße für die Helligkeit dient der Remissionsgrad der Proben im grünen Spektralbereich ($G$):

$$Y = \frac{R - B}{G}.$$

Diese Beziehungen verlieren ihren Sinn bei stärker gefärbten Proben. So beobachtet man z. B. bei zunehmender Verfärbung trotz abnehmender Remission plötzlich wieder einen Anstieg von $W$ oder erhält negative Werte für $W$ (vgl. Tabelle 1). Um die differenzierte Verfärbungstendenz der einzelnen PAN-Proben zum Ausdruck zu bringen, berechneten wir den Wert $pV$, der darüber hinaus die Gegenläufigkeit der Werte von Verfärbungsintensität und Weißgrad beseitigt. Als $pV$ = prozentualer Verfärbungsgrad definierten wir den Wert

$$\frac{W_0 - W_T}{W_0} \cdot 100$$

($W_0$ = Weißgrad vor dem Erhitzen, $W_T$ = Weißgrad der erhitzten Probe). Die zuletzt genannten Größen

*Tabelle 1. Weißgrad erhitzter PAN Pulver*

| Erhitzungsdauer [h] | $pV$ | $W$ | $B$ | $R$ |
|---|---|---|---|---|
| Erhitzungstemperatur; 200 °C; Universalkolorimeter | | | | |
| 0 | — | 95,0 | 94,6 | 94,2 |
| 2 | 71,2 | 26,1 | 45,1 | 64,0 |
| 8 | 74,6 | 23,1 | 34,2 | 45,2 |
| 15 | 68,9 | 28,2 | 32,7 | 37,2 |
| Erhitzungstemperatur; 180 °C; Zeiss-Leukometer | | | | |
| 0 | — | 86,04 | 89,36 | 92,68 |
| 2 | 82,1 | 15,47 | 41,00 | 66,53 |
| 4 | — | — 4,61 | 25,11 | 54,83 |
| 6 | — | — 8,78 | 20,50 | 49,78 |
| 9 | — | —11,84 | 14,37 | 40,58 |

sind vorwiegend gebrauchswertmäßige Kennzahlen. Im allgemeinen werden die Proben durch die Angabe der physikalisch eindeutig definierten Größe „Remissionsgrad" hinreichend charakterisiert. Eine ganze Reihe diesbezüglicher TGL-Vorschriften auf dem Papier- und Zellstoffsektor schreiben zur Kennzeichnung des Weißgehaltes ebenfalls nur die Angabe der Remissionsgrade unter Verwendung von Blaufiltern vor, gleiches gilt für die Größen „brightness" und „Weißgehalt".

### 2.2. *Meßeinrichtungen*

Die Remissionsmessung kann mit dem sehr preisgünstigen „Lange-Universalkolorimeter" ausgeführt werden. Das Gerät muß mit den handelsüblichen Reflektoreinsätzen ausgestattet sein und möglichst mit einem Multiflex-Galvanometer kombiniert werden. Als Bezugsnormal dient Magnesiumoxid. Das Polymerisatpulver wird unter dem konstanten Druck eines Metallstempels in die Küvetten gepreßt. Wegen der gerichteten Beleuchtung der Proben muß großer Wert auf möglichst konstante Oberflächenbeschaffenheit gelegt werden. Schwankungen in der Beschaffenheit der Oberflächen können teilweise eliminiert werden, wenn die runde Küvette bei der Messung in 6 oder 8 verschiedene Richtungen gedreht und aus den 6 oder 8 Meßwerten ein Mittelwert gebildet wird. Es sollten nur gesiebte Pulver einheitlicher Korngröße (z. B. 100 bis 300 µm) verwendet werden, da das Reflexionsverhalten eines Pulvers stark von der Teilchengröße abhängig ist [7]. Bei Anwendung der Jenaer Farbglasfilter BG 7 (480 nm) und RG 2 (> 625 nm) kann der Weißgrad nach *Stephansen* berechnet werden. Die Meßwerte sind gut reproduzierbar, wenn stets dasselbe Kolorimeter, dieselben Filter und Küvetten verwendet werden. Die Messung anderer Probenarten, wie Fasern oder Filme, ist möglich. Die Tabelle 2 zeigt an fünf wahllos herausgegriffenen Beispielen die Übereinstimmung der Remissionsmessungen unterschiedlich geschädigter Proben mit ihren jeweiligen Kontrollmessungen.

Ein weiteres Meßgerät ist das Spektralkolorimeter „SPEKOL" vom VEB Carl Zeiss Jena. Dieses universell einsetzbare, etwas kostspieligere Kolorimeter ist mit zwei Meßansätzen zur Remissionsmessung ausgestattet. Der eine hat die Meßgeometrie 45/0 und der andere ist mit einer *Ulbricht*schen Kugel (Geometrie d/0) ausgestattet. Durch die *Ulbricht*sche Kugel wird ein Einfluß der Oberflächenstruktur weitgehend ausgeschaltet. Das Gerät benötigt nur eine sehr kleine Probenmenge zur Messung. Es ist für Pulver, Filme, Fasern usw. gleichermaßen geeignet. Der eingebaute Monochromator gestattet die Aufnahme des gesamten Remissionsspektrums im Bereich 360 bis 750 nm. Ein nicht zu unterschätzender Vorteil ist das Angebot mehrerer Arten wohldefinierter Meßstandards zu diesem Gerät. Darüber hinaus ist dieses Gerät für Serienmessungen unbedingt vor-

*Tabelle 2. Reproduzierbarkeit der Remissionswerte (Universalkolorimeter)*

| Nr. | *B* | *R* | *W* |
|---|---|---|---|
| 261 | 90,8<br>90,1 | 91,5<br>91,2 | 90,2<br>89,0 |
| 261/1 | 75,5<br>76,1 | 82,8<br>83,3 | 68,2<br>68,9 |
| 233/4 | 70,4<br>69,5 | 81,1<br>80,9 | 59,7<br>58,1 |
| RLT 2/4 | 77,9<br>77,2 | 87,1<br>87,0 | 68,7<br>67,4 |
| 239/1 | 84,2<br>83,8 | 91,2<br>90,4 | 77,2<br>77,2 |

zuziehen, da die Probenoberfläche im Normalfall hier ohne jede Abdeckung zur Messung kommt, während beim Universalkolorimeter in Glasküvetten gemessen wird und daher immer dieselbe Küvette benutzt werden sollte. Bei Verwendung mehrerer Küvetten beobachteten wir merkliche Unterschiede infolge unterschiedlicher Eigenfärbung des Küvettenglases. Auf die Empfindlichkeit von Glasküvetten sei nur am Rande hingewiesen.

Zur Messung des Reflexionsgrades nahezu weißer Proben konstruiert ist das Leukometer (VEB Carl Zeiss Jena). Für die Ermittlung des Farbtones der Proben sind drei Filter (blau, rot, grün) eingebaut. In diesem Bereich ist auch eine relative Messung des Reflexionsgrades gefärbter Proben möglich. Das Leukometer benötigt gegenüber dem Spekol eine wesentlich größere Probenmenge.

Wie schon aus der Tabelle 1 zu erkennen ist, sind die Messungen mit verschiedenen Gerätetypen nicht untereinander vergleichbar. Selbst bei zwei Geräten desselben Typs kann nur bei Eichung mit einem geeigneten Farbnormal eine Absolutmessung und damit Übereinstimmung erzielt werden. Nach den von uns gesammelten Erfahrungen bevorzugen wir für unsere Messungen das Spekol.

### 3. *Ausführung der thermischen Verfärbung*

Die thermische Beständigkeit des Polyacrylnitrils ist in erster Linie eine Materialeigenschaft des Polymeren. Daher wird es für vergleichende Untersuchungen nur selten erforderlich sein, die Neigung zur Verfärbung direkt an Fasern zu prüfen. Zur Bestimmung der Eigenfärbung von Fasern sind die im Abschnitt 2 beschriebenen Meßmethoden anwendbar.

Die Prüfung der Verfärbungsbeständigkeit an Filmen bietet den Vorteil, die Verfärbung durch einfache Transparenzmessung zu bestimmen. Leider gelingt es bei Acrylnitrilpolymeren nicht immer, klare Filme zu erhalten. Ein weiteres Problem ist die Erzielung einer konstanten oder wenigstens über die Fläche gleichmäßigen und gut meßbaren Filmdicke. Schließlich ist es äußerst schwierig, unter Vermeidung hoher oder langandauernder Temperaturbehandlung völlig lösungsmittelfreie Polyacrylnitrilfilme herzustellen [8, 9]. Lösungsmittelreste können jedoch Anlaß zu unkontrollierbaren Verfärbungserscheinungen geben. Die einfachste, sicherste und schnellste Methode zur Bestimmung der thermischen Stabilität von Acrylnitrilpolymeren ist daher die Erhitzung der Proben in Form von Pulvern und die Bestimmung der dabei erfolgenden Änderung des Remissionsgrades.

Das üblicherweise empfohlene Erhitzen der Polymeren im Trockenschrank oder einem thermostatierten Bad führt im allgemeinen zu wenig reproduzierbaren Ergebnissen. Wir konnten feststellen, daß diese Abweichungen sowohl in der schlechten Wärmeleitfähigkeit des Pulvers begründet sind, als auch von der Zugänglichkeit des Polymerisates für das umgebende Gasmedium abhängen. Das Letztere ist zugleich ein weiterer Fakt, der die Verwendung von Filmen einschränkt. Die gleichen Probleme treten auch bei anderen thermischen Untersuchungsmethoden (z. B. Differentialthermoanalyse oder Thermogravimetrie) auf [10]. Für die Hitzebehandlung von Polymerisatpulvern wurde daher eine spezielle Apparatur entwickelt. Diese ermöglicht es, das Polymerisat in jedem beliebigen Gasmedium bein konstanter, aber frei wählbarer Temperatur ständig in Bewegung zu halten. Dadurch werden aus der schlechten Wärmeleitfähigkeit herrührende Fehler eliminiert und die Probe völlig gleichmäßig behandelt.

Die Apparatur besteht aus einem polyederförmigen Glaskolben, der mit einer Schliffkappe versehen ist (Bild 1). An diese ist in der Mitte eine KPG-Welle angesetzt, die als Gaseinleitungsrohr dient und im Innern der Kappe bis zum tiefsten Punkt des Kolbens verlängert ist. Ferner enthält die Kappe das mit einem Hahn verschließbare Gasableitungsrohr, und ein Ansatzrohr, das eine Hülse NS 12,5 trägt. Hieran läßt sich ein retortenähnlich geformtes Gefäß zur Aufnahme der Polymerisatprobe befestigen. Durch Drehung dieses Kölbchens um 180° fällt das Pulver in den Reaktionskolben. Der Kolben kann auf die gewünschte Temperatur vorgeheizt werden und die gesamte Apparatur mit einem beliebigen Gas gespült oder gefüllt werden. Die Apparatur wird um die Achse der schräg gelagerten und in einer KPG-Hülse geführten Welle gedreht. Die Gaszuführung erfolgt durch die KPG-Welle und eine über das Ende der Welle gesteckte KPG-Hülse, die in einer Schlaucholive mit Hahn endet. Der Kolben rotiert in einem auf konstanter Temperatur gehaltenen Ölbad. Bedingt durch die Form des Kolbens wird das Pulver an jeder Kolbenkante umgewendet. Dadurch ist gewährleistet, daß das Pulver gut durchmischt, dem Gasmedium gleichmäßig zugänglich gemacht und durch das ständige Umwenden auch gleichmäßig erhitzt wird.

Diese Apparatur wurde eingehend auf ihre Eignung zur thermischen Behandlung von Acrylnitrilpolymerisatpulvern unter definierten Bedingungen geprüft.

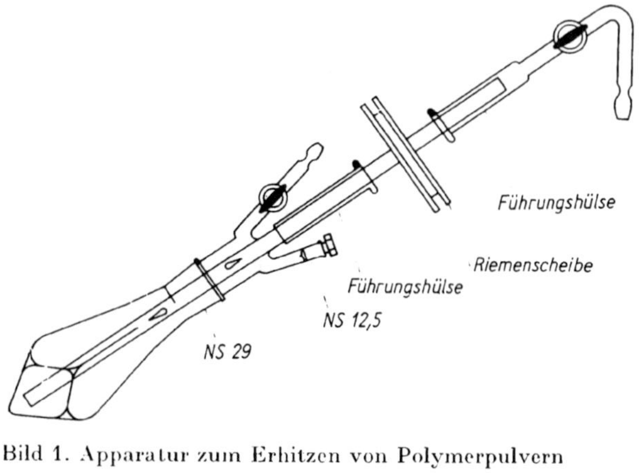


Bild 1. Apparatur zum Erhitzen von Polymerpulvern

*Tabelle 3. Prüfung der Verfärbungsbeständigkeit eines Polyacrylnitrilpulvers (Parallelbestimmungen)*

| Probe-Nr. | $B$ | $R$ | $W = 2B-R$ |
|---|---|---|---|
| 219/1 | 86,4 | 91,8 | 81,0 |
| /2 | 85,9 | 91,6 | 80,2 |
| /3 | 85,5 | 91,1 | 79,9 |
| /4 | 86,6 | 91,5 | 81,7 |
| /5 | 86,3 | 91,1 | 81,5 |

An den so behandelten Proben ergab die nachfolgende Messung der Remission gut reproduzierbare Werte. In der Tabelle 3 sind die Ergebnisse von fünf Parallelbestimmungen der Hitzeschädigung eines Acrylnitrilpolymerisates aufgeführt.

Bei der sonst üblichen Art, die Polymeren im Trokkenschrank, in Röhrchen in einem Ölbad oder unter ähnlichen Verhältnissen zu erhitzen, beobachteten wir dagegen ein kaum reproduzierbares Verhalten. Es sei nochmals darauf hingewiesen, daß bei der beschriebenen Apparatur die Polymeren in einer definierten Atmosphäre erhitzt werden.

Die Versuchsanordnung wird seit einigen Jahren mit Erfolg angewendet und kann zur Bestimmung der thermischen Stabilität von Polyacrylnitrilpulvern und zur Messung der Hitzeverfärbung des Polyacrylnitrils empfohlen werden.

*Literatur*

[1] *Schurz, J., Ullrich, A.,* und *Zah, H.:* Untersuchungen an hochpolymeren Acrylderivaten. 9. Mitt.: Weitere Versuche zur Hitzeschädigung von Polyacrylnitril. Mh. Chemie **91** (1960) S. 741–748.

[2] *Ulbricht, J.,* und *Tscho, S. D.:* Acrylfasern aus Lösungspolymerisaten. Teil 3: Färberische Eigenschaften, Einfriertemperatur und thermische Verfärbung der Fasern. Faserforsch. u. Textiltechnik **13** (1962) S. 564–570.

[3] Verfahren zur Herstellung von Homo- und Copolymeren des Acrylnitrils. Farbenfabriken Bayer AG, Leverkusen. GBP. 898821 vom 28. 7. 1960.

[4] *Hansen, G.:* Über die Weißmessung. Zellstoff u. Papier **18** (1938) S. 393–399.

[5] *Kling, A.,* und *Kurz, J.:* Bewertungsmöglichkeiten des Weißgrades. Textil-Rdsch., St. Gallen **15** (1960) S. 297–305.

[6] *Selling, H. J.,* und *Friele, L. C. F.:* „Weiße"-Beziehungen und ihre Anwendung. Appl. Sci. Res. **B1** (1950) S. 453–476.

[7] *Kortüm, G.,* und *Haug, P.:* Reflexionsspektren von Pulvern. Z. Naturforsch. **8a** (1953) S. 372–379.

[8] *Schmolke, R.:* Die Bestimmung von Dimethylformamid in Polyacrylnitril. Faserforsch. u. Textiltechnik **16** (1965) S. 514–516.

[9] *Wegener, W.,* und *Merkle, R.:* Der Einfluß von Dimethylformamidresten auf die dynamometrischen Eigenschaften eines Faserstoffes aus einem Acrylnitril-Copolymerisat. Melliand Textilber. **47** (1966) S. 343 bis 348.

[10] *Wendlandt, W. W.:* Thermal Methods of Analysis. New York/London/Sydney: Interscience Publ. 1964.

*Eingegangen am 4. Oktober 1968*

# Kurze Mitteilungen[1)]

## Treffertheoretische Analyse der Ergebnisse von Bestrahlungsversuchen mit ultravioletter und sichtbarer Strahlung

DK 677.494:517.5:677.017.936
535–31:535–4:539.412.1

Bei der Auswertung der Ergebnisse von Bestrahlungsversuchen mit ultravioletter Strahlung wird für die Beständigkeit $B$ der Reißkraft eines hochpolymeren Fadens (Verhältnis der Restreißkraft zur Ausgangsreißkraft) in vielen Fällen eine exponentielle Abhängigkeit von der Bestrahlungszeit gefunden [3, 4]. Aus der Treffertheorie [5] wird für die Beständigkeit $B_\lambda$ der Reißkraft eines glänzenden hochpolymeren Fadens im Bereich der direkten statistischen Kettenspaltung infolge spektraler Strahlungseinwirkung ebenfalls eine Exponentialfunktion abgeleitet [1]:

$$B_\lambda = e^{-I_\lambda t A_\lambda}, \tag{1}$$

wobei $I_\lambda$ die spektrale Intensität, $t$ die Bestrahlungsdauer und $A_\lambda$ den spektralen Wirkungsquerschnitt bedeuten. Diese einfache Gesetzmäßigkeit nach Gleichung (1) wird dann keine Gültigkeit mehr besitzen, wenn sich der hochpolymere Faden unter dem Einfluß der einwirkenden Strahlung selbst verändert. Die Veränderung des spektralen Absorptionsgrades und des spektralen Wirkungsvolumens [1] mit der Bestrahlungszeit kann die Veränderung des spektralen Wirkungsquerschnitts entsprechend

$$A_\lambda(t) = A_\lambda f_\lambda(t) \tag{2}$$

bewirken. Die durch Strahlungseinflüsse veränderten Absorptionseigenschaften können auch eine Veränderung der spektralen Intensität herbeiführen:

$$I_\lambda(t) = I_\lambda \tau_\lambda(t). \tag{3}$$

Das gleiche können auch eingelagerte Fremdsubstanzen bewirken. Aus den Gleichungen (1), (2) und (3) ergibt sich also

$$B_\lambda = e^{-\tau_\lambda(t) I_\lambda t A_\lambda f_\lambda(t)}. \tag{4}$$

Gleichung (4) beschreibt den Zusammenhang zwischen der Beständigkeit der Reißkraft eines hochpolymeren Fadens und der Bestrahlungsdauer bei spektraler Strahlungseinwirkung in sehr viel allgemeinerer Weise als dies Gleichung (1) zum Ausdruck bringen kann.

Nach Gleichung (4) ist a priori zwischen der Beständigkeit und der Bestrahlungsdauer *kein* exponentieller Zusammenhang mehr zu erwarten. Das gleiche ergibt sich auch bei Einwirkung von Quanten eines Linienstrahlers [1]:

$$B = e^{-\sum_\lambda \tau_\lambda(t) I_\lambda t A_\lambda f_\lambda(t)}. \tag{5}$$

Für $\tau_\lambda(t)\, f_\lambda(t) = \text{const} \cdot t$ erhält man z. B. aus Gleichung (5)

$$B = e^{-\left\{\text{const} \sum_\lambda I_\lambda A_\lambda\right\} t^2}. \tag{6}$$

1) Die Veröffentlichung der „Kurzen Mitteilungen" erfolgt unter alleiniger Verantwortung der Verfasser.

Der Zusammenhang zwischen Beständigkeit und Bestrahlungsdauer wird noch komplizierter, wenn außer der direkten statistischen Kettenspaltung auch die Nachfolgereaktionen des photochemischen Primärprozesses Abbauvorgänge hervorrufen. Im letzten Fall kann für solche Prozesse, bei denen gleichzeitig mehrere Quanten beteiligt sind, eine treffertheoretische Deutung herangezogen werden, wie das bereits in [1] angegeben wird. Während Gleichung (1) Einquantenprozesse beschreibt, muß bei Mehrquanteneffekten von vornherein angenommen werden, daß $j_\lambda$ Quanten der Wellenlänge $\lambda$ das spektrale Wirkungsvolumen treffen, bevor eine strahlungsempfindliche Bindung gespalten wird. Es ergibt sich für die Beständigkeit der Reißkraft im Falle der spektralen Strahlungseinwirkung [1]:

$$B_\lambda = e^{-Q_\lambda A_\lambda \sum_{k=0}^{k=j_\lambda-1} \frac{(Q_\lambda A_\lambda)^k}{k!}}, \tag{7}$$

wobei $Q_\lambda = I_\lambda t$ die spektrale Quantendichte der auffallenden Strahlung bedeutet.

Für erste orientierende Auswertungen ist es günstiger, den in Gleichung (7) zum Ausdruck gebrachten *Poisson*schen Prozeß durch eine Funktion zu nähern. Auf Grund der *Stirling*schen Formel [2] kann für kleine $Q_\lambda A_\lambda$- und kleine $j_\lambda$-Werte folgende Näherung angegeben werden:

$$B_\lambda \approx e^{-\left(\frac{Q_\lambda A_\lambda}{j_\lambda}\right)^{j_\lambda}}. \tag{8}$$

In Tabelle 1 sind die Ergebnisse der Auswertung der Gleichung (7) und (8) gegenübergestellt.

Bei Einwirkung von Quanten eines Linienstrahlers ergibt sich aus Gleichung (8) für die Beständigkeit der Reißkraft näherungsweise

$$B = \prod_\lambda B_\lambda \approx e^{-\sum_\lambda \left(\frac{Q_\lambda A_\lambda}{j_\lambda}\right)^{j_\lambda}}. \tag{9}$$

Auf Grund der Gleichungen (2) und (3) wird aus Gleichung (9)

$$B = e^{-\sum_\lambda \left(\frac{Q_\lambda A_\lambda}{j_\lambda}\right)^{j_\lambda} f_\lambda^{j_\lambda}(t)\, \tau_\lambda^{j_\lambda}(t)} \tag{10}$$

erhalten.

Mit den Gleichungen (5) und (10) stehen zwei Beziehungen zur Verfügung, die zur treffertheoretischen Analyse der Ergebnisse von Bestrahlungsversuchen mit ultravioletter und sichtbarer Strahlung herangezogen werden können, wenn außer der Bestrahlungsdauer auch die spektrale Intensität bekannt ist. *Winkler* [6] berichtete bereits über die Auswertung von Bestrahlungsversuchen ohne Berücksichtigung der Intensität. *Winkler* erhielt für verschiedene Fäden aus Polyamid- und Polyesterseide Bestrahlungszeitexponenten im Wertebereich von ca. 0,5 bis 2.

*Tabelle 1. Zur Näherung des Poissonschen Prozesses für $x = Q_\lambda A_\lambda \leqq 2$ und $j_\lambda = 2$*

| $x$ | $e^{-x(1+x)}$ | $e^{-x^2/4}$ |
|---|---|---|
| 0 | 1 | 1 |
| 0,25 | 0,97 | 0,99 |
| 0,5 | 0,91 | 0,94 |
| 0,75 | 0,83 | 0,87 |
| 1 | 0,74 | 0,78 |
| 2 | 0,41 | 0,37 |

*Literatur*

[1] *Kaufmann, S.:* Die spektrale Strahlungseinwirkung auf die Reißspannung von Faserstoffen. Faserforsch. u. Textiltechnik **15** (1964) 8, S. 358—367.
[2] *Picht, J.:* Vorlesungen über Atomphysik, I. Band. Berlin: Deutscher Verlag der Wissenschaften 1956.
[3] *Sippel, A.:* Die Veränderung von Reißfestigkeit und Polymerisationsgrad bei Kunstfasern durch Bestrahlung und der Zusammenhang dieser Erscheinungen mit dem molekularen Feinbau, insbesondere bei Cellulose(derivaten). Kolloid-Z. **112** (1949) 2/3, S. 80—84.
[4] *Sippel, A.:* Die Bestimmung des Kristallitbrückenanteils in makromolekularen Kunstfasern. Kolloid-Z. **113** (1949) 2, S. 74—82.
[5] *Timofeeff-Ressovsky, N. W.,* und *Zimmer, K. G.:* Biophysik, Bd. I. Leipzig: S. Hirzel 1947.
[6] *Winkler, F.:* Neue Ergebnisse bei der natürlichen Belichtung von Polyester- und Polyamidfaserstoffen. Teltow-Seehof: Vortrag zum 4. Übersichtskolloquium über Forschungsergebnisse des Instituts für Faserstoff-Forschung am 5. 6. 1968.

*Siegfried Kaufmann*
Institut für Textiltechnologie der Chemiefasern Rudolstadt

*Eingegangen am 12. August 1968*

# Zur Quellung von Buchenzellstoffen in 19,5%iger Natronlauge bei Temperaturen zwischen 20 und 70 °C

DK 661.728.63:674.031.12:539.388.8
546.33—36:541.12.036

Die Quellung von Zellstoffen in 19,5%iger Natronlauge ist besonders für die Viskoseindustrie interessant, denn bekanntlich wird ja das technologische Verhalten eines Zellstoffes bei der Alkalisierung durch sein Quellverhalten in der Tauchlauge mitbestimmt. Dabei ist es auch wichtig, den Einfluß der Temperatur auf die Quellung zu kennen. Das trifft besonders für Buchenzellstoffe zu. Bei der Verarbeitung dieses Rohstoffes kommt es nämlich beim Abpressen der Alkalicellulose auf Schneckenpressen oft zu Schwierigkeiten [1], und da es sich herausgestellt hat, daß eine Erhöhung der Laugentemperatur hierbei zu einer gewissen Verbesserung führt [2], arbeitet man bei der Alkalisierung von Buchenzellstoffen oft mit Laugen sehr hoher Temperatur.

Allgemein kann gesagt werden, daß der Quellgrad eines Zellstoffes mit steigender Temperatur der Lauge absinkt. Das bestätigt besonders die eingehende Untersuchung von *Gohlke* [3], der allerdings keine Buchenzellstoffe untersuchte. Neuere Messungen wurden unlängst von *Kartein* und *Schmiedeknecht* durchgeführt [4], wobei die Autoren zu sehr interessanten Ergebnissen kamen. An Fichten-Sulfitzellstoffen konnten sie die schon von *Gohlke* beschriebene Quellwertabnahme mit steigender Laugentemperatur bestätigen. Anders verhielten sich jedoch die untersuchten Buchen-Sulfitzellstoffe. Bei diesen erniedrigte sich der Quellgrad mit steigender Laugentemperatur zwar anfangs ebenfalls, durchlief aber im Bereich von 40 bis 50 °C ein Minimum, um bei höheren Temperaturen dann erneut anzusteigen. Bei den von *Kartein* und *Schmiedeknecht* untersuchten Zellstoffen handelte es sich jedoch leider um Produkte gleicher Provenienz, so daß sich nicht sagen läßt, inwieweit dieses Verhalten für alle Buchenzellstoffe typisch ist.

Um diese Frage beantworten zu können, bestimmten wir den Quellwert einiger weiterer Buchenzellstoffe in 19,5%iger reiner, hemicellulosefreier Natronlauge bei Temperaturen zwischen 20 und 70 °C. Für die Untersuchungen standen uns folgende Zellstoffe zur Verfügung:

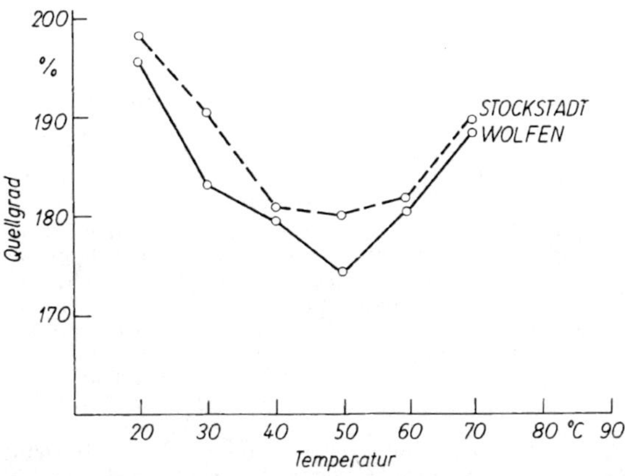


Bild 1. Quellungs/Temperatur-Kurven der untersuchten Buchen-Sulfitzellstoffe

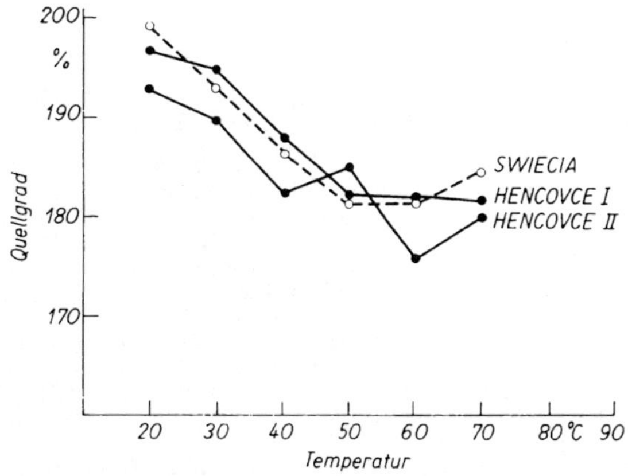


Bild 2. Quellungs/Temperatur-Kurven der untersuchten vorhydrolysierten Buchen-Sulfatzellstoffe

1. ein Buchen-Sulfitzellstoff aus dem VEB Filmfabrik Wolfen, DDR,
2. ein Buchensulfitzellstoff der Aschaffenburger Zellstoffwerke, Werk Stockstadt a. M., DBR,
3. ein vorhydrolysierter Buchen-Sulfatzellstoff aus Swiecia, VR Polen,
4. zwei vorhydrolysierte Buchen-Sulfatzellstoffe aus Hencovce, ČSSR.

Den Quellwert bestimmten wir ebenso wie *Kartein* und *Schmiedeknecht* nach der von *Gohlke* [3] empfohlenen Schleudermethode. Die erhaltenen Ergebnisse sind in den Bildern 1 und 2 wiedergegeben. Bild 1 zeigt, daß die Quellung beider Sulfitzellstoffe bei 50 °C ein deutliches Minimum durchläuft und damit genau dem Verhalten entspricht, das schon früher von *Kartein* und *Schmiedeknecht* beobachtet wurde. Dagegen kann bei den vorhydrolysierten Buchen-Sulfatzellstoffen in Bild 2 von einem ausgesprochenen Minimum bei 50 °C nicht mehr die Rede sein. Eine schwache Andeutung eines Minimums läßt sich vielleicht noch bei dem Zellstoff aus Swiecia beobachten, doch steigt der Quellwert hier erst bei einer Temperatur über 60 °C wieder an, und dann ist der Anstieg auch nur sehr gering. In diesem Ausmaß wurde der Anstieg auch schon von *Gohlke* [3] bei Fichten-Sulfitzellstoffen beobachtet (siehe den Zellstoff FiSi I in Bild 5 seiner Arbeit. *Gohlke* arbeitete allerdings mit 17,5%iger Natronlauge). Auf Grund unserer Ergebnisse kann man also sagen, daß sich die vorhydrolysierten Buchen-Sulfatzellstoffe bei der Quellung in 19,5%iger Natronlauge im Temperaturbereich zwischen 20 und 70 °C anders verhalten als Buchen-Sulfitzellstoffe und daß sie in dieser Hinsicht mehr den Fichten-Sulfitzellstoffen ähneln.

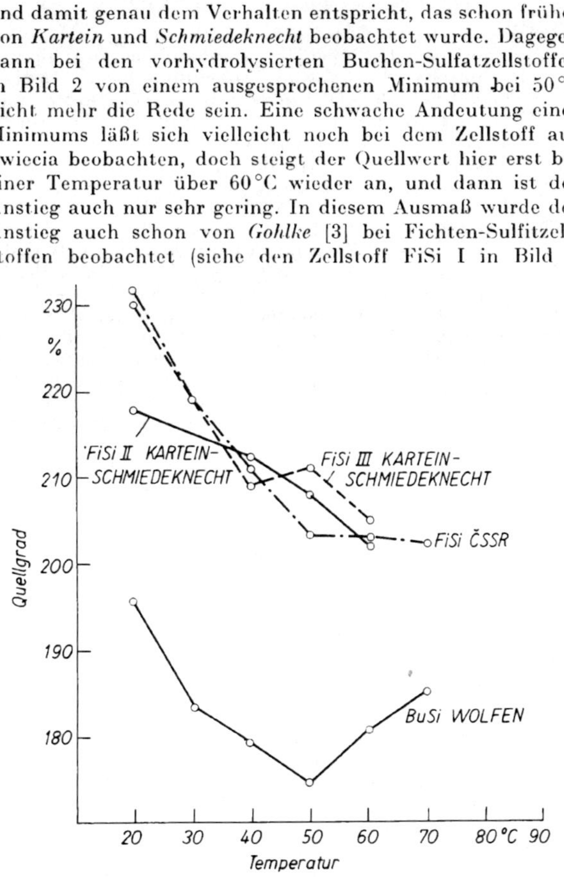


Bild 3. $Q/T$-Kurven einiger unterschiedlicher Zellstoffe

Weiter muß betont werden, daß man nicht behaupten kann, der Schleuderquellwert eines Zellstoffes, gemessen in 19,5%iger Natronlauge, fiele mit steigender Laugentemperatur regelmäßig ab. Die Quellwert/Temperatur-Kurve kann einen sehr unterschiedlichen und verschiedenen Verlauf haben. In Bild 3 sind nochmals einige $Q/T$-Kurven zusammengestellt, die zum Teil der Arbeit von *Kartein* und *Schmiedeknecht* [4] entnommen, zum Teil von uns bestimmt wurden. Wie man sieht, gibt es monoton abfallende Kurven (FiSi II — *Kartein/Schmiedeknecht*), Kurven, die bis 40 °C steil abfallen, um dann bis 70 °C auf konstanter Höhe zu bleiben (FiSi — ČSSR), Kurven, die bei 50 °C ein Minimum durchlaufen (BuSi — Wolfen) und auch Kurven, die erst abfallen, dann kurz ansteigen, um schließlich erneut abzufallen (FiSi III — *Kartein/Schmiedeknecht*). Sicher gibt es aber auch noch alle möglichen Zwischenstufen, wie z. B. den von uns untersuchten Zellstoff BuSa Hencovce II in Bild 2. Die Unterschiede im Kurvenverlauf sind dabei so markant, daß sich unwillkürlich der Gedanke anbietet, die $Q/T$-Kurven zur Charakterisierung der Struktur verschiedener Zellstoffe auszunützen. Das würde allerdings noch eine eingehende Studie der $Q/T$-Kurven an einer größeren Anzahl genau definierter Zellstoffe erfordern.

*Literatur*

[1] *Melms, F.*: Erfahrungen auf dem Gebiet der Herstellung von Buchensulfit-Zellstoff und der Direktverarbeitung zu Zellwolle. In: Buk ako priemyselná surovina. Bratislava: Vydavatelstvo Slovenskej akadémie vied 1960. S. 420—438.

[2] *Berndt, W.*, und *Picmaus, J.*: Über einige Erfahrungen mit der Verarbeitung von Buchen-Sulfatzellstoffen zu Zellwolle. Vortrag auf dem Tage der neuen Technik in Hencovce 1961.

[3] *Gohlke, B.*: Über die Löslichkeit und die Quellung von Kunstseiden-Zellstoff in Natronlaugen bei Temperaturen zwischen 20 und 60 °C. Faserforsch. u. Textiltechnik **7** (1956) S. 111—119.

[4] *Kartein, L.*, und *Schmiedeknecht, H.*: Vergleichende Untersuchungen an einigen Viskosefaserzellstoffen. Faserforsch. u. Textiltechnik **19** (1968) S. 11—19.

*Wolfgang Berndt*
Spolana, n. p., Neratovice, ČSSR

*Eingegangen am 25. August 1968*

# Neue Bücher

*Die Stabilisierung der Kunststoffe gegen Licht und Wärme.* Von *Joachim Voigt.* Berlin/Heidelberg/New York: Springer 1966. XIV, 644 S. Lwd. DM 98,—.

Das vorliegende Werk bildet den 10. Band der Reihe „Chemie, Physik und Technologie der Kunststoffe in Einzeldarstellungen". Der an den Sprachgebrauch des Patentwesens angelehnte Titel beschreibt den Inhalt der Monographie nicht sehr glücklich. Das Buch behandelt zwar nicht die Stabilisierung gegen Alterungseinflüsse allgemein, aber neben der Stabilisierung gegen Wärme und Licht auch das wichtige und umfangreiche Gebiet der Stabilisierung von Polymeren gegen Sauerstoffeinwirkung, die hier als eine durch Licht und Wärme beschleunigte Reaktion angesehen wird.

Nach einer kurzen Einleitung folgt im 1. Kapitel neben der phänomenologischen Beschreibung des Abbaus der einzelnen Kunststoffe die Erörterung der Mechanismen und der Kinetik von Abbau- und Vernetzungsreaktionen im allgemeinen. Hierauf aufbauend wird im Kapitel II „Die Grundlagen der Stabilisierung" eine zusammenfassende Darstellung der Wirkungsweisen der Stabilisatoren gegeben. Die komplexe Thematik wird nach folgenden Gesichtspunkten geordnet: 1. Akzeptoren für Zersetzungsprodukte, 2. Substanzen, die aktive Zentren blockieren, 3. Kettenabbrechende Agenzien, 4. Peroxidzersetzende Agenzien, 5. Komplexbildner und 6. Lichtfiltersubstanzen. Wenngleich der Wirkungsmechanismus vieler Stabilisatorsubstanzen noch unklar oder umstritten ist, so gibt dieser Abschnitt doch einen guten Überblick über den Stand der wissenschaftlichen Erkenntnisse und den Umfang der praktischen Erfahrungen, zumal die Literaturzitate nach Möglichkeit kritisch verarbeitet werden. Das Kapitel III bildet mit über 200 Seiten den Hauptteil der Darstellung. Geordnet nach der chemischen Struktur, sind die in der Patentliteratur beschriebenen Stabilisatorsubstanzen zusammengestellt. In den einzelnen Verbindungsklassen sind die Stabilisatoren zusätzlich nach den Polymerarten, für die sie eingesetzt werden, geordnet. Über 3300 Patentschriften sind hier sorgfältig ausgewertet und ihr Inhalt sehr übersichtlich dargestellt. Nach jedem Abschnitt folgt ggf. ein Hinweis auf die Namen von Handelsprodukten, deren wichtigste im übrigen am Ende des Buches tabellarisch zusammengestellt sind. Es folgt ein kleines Kapitel über die Copolymerisation mit inhibierenden Komponenten und stabilisierende Nachbehandlungsverfahren. Das Kapitel V gibt einen Überblick über die praktisch ausgeübten Stabilisierungsmethoden bei den einzelnen Polymeren, und schließlich folgen zwei kurze Kapitel über Alterungsverfahren zur Stabilitätsprüfung von Kunststoffen und über den Einsatz von stabilisierten Kunststoffen im Lebensmittelsektor.

Jedes Kapitel ist in sich abgeschlossen. Das Buch eignet sich zur Einarbeitung in die Theorie und Praxis dieses wichtigen Gebietes der Polymerenchemie, aber auch als Nachschlagewerk. Die überraschend einfache Systematik ermöglicht es dem Leser, sich nach kurzer Einarbeitungszeit schnell einen Überblick über alle Zusammenhänge und Fakten dieses Gebietes zu verschaffen. Die Literatur ist bis 1964 erfaßt. Hervorzuheben ist die umfassende Auswertung, die auch die sowjetische Literatur einbezieht, was bei ähnlichen Monographien leider nicht immer der Fall ist. Aus der Patentliteratur sind genutzte und ungenutzte Verfahren, aber auch überholte Vorstellungen berücksichtigt worden, was für patentrechtliche Fragen von Bedeutung sein kann. Naturgemäß beansprucht die Behandlung der PVC-Stabilisierung und der Stabilisatoren für Polyolefine den größten Raum. Die anderen synthetischen Polymeren und Cellulosederivate sind jedoch mit gleicher Gründlichkeit behandelt, so daß dieses Werk auch den Lesern dieser Zeitschrift bestens zum Gebrauch empfohlen werden kann. Dem Patentsachbearbeiter dürfte es ein wertvoller und zeitsparender Ratgeber sein. Solange eine umfassende Dokumentation und maschinelle Aufbereitung des gespeicherten Wissens noch nicht für jeden Interessenten zugänglich sind, können solche Monographien und Literaturrecherchen nicht hoch genug bewertet werden. Inwieweit auf derartige Literatur, also auf die ordnende Tätigkeit und die Aufzeigung von Querbeziehungen durch einen Autor überhaupt verzichtet werden kann, sei dahingestellt.

Es bleibt zu hoffen, daß es dem Autor gelingt, das ständig neu anfallende Literaturmaterial ebenso kritisch in die vorliegende Monographie einzuarbeiten, ohne ihren Umfang laufend anwachsen zu lassen, den „Voigt" dabei aber aktuell und möglichst umfassend zu erhalten. Etwas Platz ließe sich dafür vielleicht gewinnen, wenn die teilweise recht ausführlichen Exkurse in die allgemeine Chemie, bei denen z. B. selbst die Literaturzitate für die Begriffe „Chelat" und „Exciton" nicht fehlen, etwas gestrafft würden.

*W. Makschin*

*The Flow of High Polymers.* Continuum and Molecular Rheology. Von *Stanley Middleman.* New York/London/Sydney/Toronto: Interscience Publ. 1968. IX, 246 S. Lwd. 122 s.

Mit dieser Monographie liegt ein weiteres Buch von Interscience Publishers über die Rheologie von Polymeren vor, das für Leser bestimmt ist, die sich für das Fließen und Fließverhalten von Polymeren interessieren, aber mit der modernen Kontinuumsmechanik und/oder den molekularen Theorien des Polymerfließens nicht weiter vertraut sind. Das Buch ist in strenger, sachlicher Form unter Verwendung der Tensorrechnung geschrieben. Der mathematisch weniger vorgebildete Leser findet aber im Anhang eine in sich abgeschlossene Darstellung der Tensoranalysis. Drei Aspekte sind für den Autor maßgebend gewesen und werden von ihm diskutiert: die Definition und Messung von Materialeigenschaften, die Vorhersage dieser Eigenschaften aus theoretischen Überlegungen und die Wechselbeziehungen zwischen den Aussagen aus den einzelnen Methoden, mit denen diese Eigenschaften aus experimentellen Ergebnissen zugänglich sind.

Der Autor hat sein Buch so gegliedert, daß er zunächst einen kurzen Überblick über die physikalischen Grundlagen gibt (dynamische Gleichungen, Widerstand einer Flüssigkeit, einfaches Scherfließen, einfache Dehnung). Im zweiten Kapitel werden die allgemein zur Bestimmung der Fließeigenschaften von Polymeren angewandten Methoden analysiert (Viskosität, Normalspannung, Viskosität bei Dehnung, Schwingungen, Kriechen und Relaxation usw.), ohne jedoch einzelne Geräte und deren Handhabung zu beschreiben[1]). Das dritte Kapitel vermittelt einen Überblick über rheologische Zustandsgleichungen auf der Grundlage der Kontinuumsmechanik; zum Verständnis dieses Kapitels sind jedoch Kenntnisse der Tensoranalysis erforderlich. Verschiedene molekulare Theorien des Polymerfließens werden in dem vierten Kapitel miteinander verglichen und diskutiert, während im fünften Kapitel eine umfassende Darstellung des rheologischen Verhaltens von Polymerflüssigkeiten gegeben wird, insbesondere hinsichtlich der gegenseitigen Ergänzung und Korrelation der einzelnen Methoden.

Das Buch kann wegen seiner exakten und klaren Darstellung jedem empfohlen werden, der sich über die Grundlagen des Fließverhaltens von Polymeren informieren will, und gehört in die Bibliothek eines jeden Laboratoriums bzw. Instituts, in dem man sich mit den Eigenschaften von Polymeren befaßt.

*K. Wulf*

*Verfahren zur Messung der Gleichmäßigkeit von Geweben.* Von *W. Fester* und *P. Küppers.* Forschungsberichte des Landes Nordrhein-Westfalen. Nr. 1877. Köln und Opladen: Westdeutscher Verlag 1967. 19 S. Brosch. DM 14,90.

Obwohl der vorliegende Forschungsbericht nur kurz ist, beschreibt er ein leistungsfähiges Verfahren zur Bestimmung der Gleichmäßigkeit von Geweben. Bei ihren elektrophoretischen Untersuchungen stellten die Autoren die Brauchbarkeit des Gerätes Chromoscan der Firma Joyce, Loebl and Co.

[1]) Hierzu vgl.: *Van Wazer, I. R.*, u. a.: Viscosity and Flow Measurement. New York: Interscience Publ. 1966.

für die Messung der Remission an sehr schmalen parallel liegenden Streifen fest. Durch geringfügige Änderungen am Gerät gelang es ihnen, an leinwand- und panamabindigen Geweben jeden einzelnen Kett- bzw. Schußfaden durch seine Remission nachzuweisen. Bei einer Spalteinstellung von 10 mm Länge und 0,13 mm Breite und einer Vorschubgeschwindigkeit des Probenhalters von 4,5 cm/h konnte dieser Nachweis auch für feine Gewebe geführt werden. Durch viele aufgenommene Kurven und zum Teil beigegebene vergrößerte Aufnahmen der Gewebe wird die Brauchbarkeit des Verfahrens zur Bestimmung ungleicher Fadenstärken, ungleicher Fadenabstände und Unterschieden in der Färbung gezeigt. Besonders geeignet erscheint dieses Verfahren zur exakten Ermittlung der oft sehr störenden Kettstreifigkeit zu sein.

*F. Winkler*

# Patentschau

*Auszug aus der Lieferung 15/16/1968 der Patentschau „Faserstoffe und Textiltechnik", Ausgabe A: Faserstoffe einschl. Kunststoffe und organ. Grundsubstanzen, zusammengestellt von der Abteilung Wissenschaftliches Berichtswesen des Instituts für Faserstoff-Forschung der DAW, 153 Teltow-Seehof, Kantstr. 55*

Die Patentschau ist nach der deutschen Patentklasseneinteilung gegliedert. Es bedeuten: DDP = DDR-Patent; DBP = Deutsches Bundespatent; DAS = (West)-Deutsche Auslegeschrift; OeP = Österreichisches Patent; PoP = Polnisches Patent; SzP = Schweizer Patent; FrP = Französisches Patent; GBP = Britisches Patent; SvP = Schwedisches Patent; SUP = Sowjetisches Patent; ČSP = Tschechoslowakisches Patent; USP = Amerikanisches Patent; A = Anmeldedatum, B = Tag der Ausgabe der Patent- bzw. Auslegeschrift.

*Klasse 12 o, 6. Synthetische Derivate der Kohlenhydrate u. dgl., z. B. Celluloseester, auch Viskose*

ČSP 127700. Dispersionsstabilisatoren bei der Herstellung von plastifizierter granulierter Nitratcellulose. Erf.: *Stanislav Langr, Petr Mosták, Roman Nepivoda* u. *Vladimír Varrin*. A. 6. 2. 67, B. 15. 11. 67. Kl.: 12o, 6. Int. Kl.: C 07c. A.-Z.: 845/67.

USP 3377301. Mit ungesättigten Aldehyden und Derivaten davon modifizierte Viskoselösungen. Erf.: *Paul H. Williams* u. *Igor Sobolev*. Inh.: Shell Oil Co., New York, N. Y. A. 20. 11. 64, B. 9. 4. 68. Kl.: 260–17. 13 Anspr. A.-Z.: 412823.

*Klasse 12o, 14. Aromatische Carbonsäuren und Harzsäuren (teilweise)*

SzP 455736. Verfahren zur Herstellung von Terephthalsäure. Erf.: *Yataro Ichikawa* u. *Nobuo Suzuki*. Inh.: Teijin Ltd., No. 1, Umeda, Kita-ku, Osaka (Ja). A. 1. 10. 64, Kl.: 12o, 14. A.-Z.: 12755/64. Prior.: 10. 10. 63, 23. 7. 64 u. 8. 9. 64 (Ja; A.-Z.: 52780/63, 42156/64 u. 51285/64). Entspr. FrP 1418262.

FrP 1515223. Verfahren zur Herstellung von Terephthalsäure. Inh.: Société des Usines Chimiques Rhone-Poulenc. A. 19. 1. 67, B. 1. 3. 68. Int. Kl.: C 07c. A.-Z.: 91791.

*Klasse 12o, 21. Carbonsäuren mit ungesättigter Atomkette, z. B. Zimtsäure (teilweise)*

SzP 455748. Verfahren zur Herstellung von Methacrylsäure aus α-Oxisobuttersäure. Erf.: *Theodor Völker* u. *Erika Schindelmann-Pichler*. Inh.: Lonza AG, Gampel/Wallis. A. 12. 3. 65. Kl.: 12 o, 21. A.-Z.: 3495/65.

JaP 4246/68. Inhibierung der Polymerisation. Inh.: Sumitomo Kagaku Kogyo KK. A. 2. 6. 65, B. 16. 2. 68. A.-Z.: 32581/65. Entspr. FrP 1475118.

*Klasse 12p, 5. Stickstoffringe der heterocyclischen Reihe mit einem Stickstoffatom, Sonstige Ringe mit einem Stickstoffatom ...: Lactame ... (teilweise)*

SzP 454876. Verfahren zur kontinuierlichen Herstellung von Lactamen. Erf.: *Albert Gehring, Giuseppe Bertossa u. Hans-Joachim Schultze*. Inh.: Inventa AG für Forschung und Patentverwertung, Zürich, Stampfenbachstraße 38, Zürich, A. 14. 1. 66. Kl.: 12p, 5. A.-Z.: 526/66. Entspr. FrP 1507921.

FrP 1515761. Verfahren zur Herstellung eines optisch aktiven α-Aminolactams aus einer Mischung der D- und L-Formen von α-Aminolactam. Inh.: Stamicarbon N. V. A. 30. 3. 67, B. 1. 3. 68. Int. Kl.: C 07d. A.-Z.: 100779. Prior.: 31. 3. 66 (Nd; A.-Z.: 6604321).

ČSP 127529. Verfahren zur Reinigung wäßriger Caprolactamlösungen nach der Depolymerisation von Polyamiden. Erf.: *Ján Sladký* u. *Stefan Kulla*. A. 18. 3. 66, B. 15. 11. 67. Kl.: 12p, 5. Int. Kl.: C 07d. A.-Z.: 1834/66.

*Klasse 29a. Mechanische Gewinnung von Gespinstfasern*

FrP 1516178 (Aj.). Verfahren und Vorrichtung zur Herstellung von Fibrillen. Inh.: Progil. A. 17. 1. 67, B. 8. 3. 68. Int. Kl.: D 01f, D 01d u. D 04h. A.-Z.: 48167 Rhône.

SzP 456024. Verfahren zur Herstellung von orientierten Stapelfasern und Verwendung davon zur Herstellung von potentiell mit gleichmäßiger Bauschigkeit schrumpfbaren und gleichmäßig anfärbbaren Garnen. Erf.: *Francesco Denti* u. *Ezio Polacco*. Inh.: Acsa Applicazioni Chimiche S. p. A., 20 Corso Europa, Mailand (It). A. 10. 8. 66. Kl.: 29a, 6/05 (29a, 6/20). A.-Z.: 11508/66. Prior.: 10. 8. 65 (It; A.-Z.: 18198/65). Entspr. FrP 1488021.

JaP 4537/68. Konjugierte Fäden aus Polymeren. Inh.: Kanegafuchi Spinning Co. Ltd. A. 26. 9. 64, B. 19. 2. 68. A.-Z.: 55369/64. Entspr. SzP 426084, FrP 1472063 u. GBP 1048370.

SzP 456025. Potentiell schrumpfbare Textilfasern aus Polyvinylchlorid und Verfahren zu ihrer Herstellung. Erf.: *Corrado Mazzolini* u. *Francesco Denti*. Inh.: A.C.S.A. – Applicazioni Chimiche S. p. A., Mailand (It). A. 30. 7. 64, Kl.: 29a, 6/07 (29b, 3/65). A.-Z.: 16251/66. Prior.: 31. 7. 63 (It; A.-Z.: 15963/63). Entspr. FrP 1402545 u. GBP 1080554.

SzP 456027. Spinnausrüstung zum Schmelzspinnen. Erf.: *James Watt Ijsbrand Heijnis*. Inh.: N. V. Onderzoekingsinstituut Research, Velperweg 76, Arnhem (Sz). A. 16. 12. 65. Kl.: 29a, 6/10. A.-Z.: 17381/65. Prior.: 18. 12. 64 (Nd; A.-Z.: 6414782). Entspr. FrP 1458898.

JaP 4531/68. Spinndüse. Inh.: Jynjo Seisakusho Co. Ltd. A. 6. 5. 65, B. 19. 2. 68. Kl.: 42A.

JaP 4533/68. Schmelzspinnkopf. Inh.: Toyo Rayon Co. Ltd. A. 9. 4. 65, B. 19. 2. 68. A.-Z.: 20562/65.

DAS 1263217. Verfahren und Vorrichtung zur Herstellung voluminöser Garne mit vorstehenden kurzen Faserenden. Erf.: *Alvin Leonard Breen*. Anm.: E. I. du Pont de Nemours & Co., Wilmington, Del. (US). A. 28. 11. 58, B. 14. 3. 68. Kl 29a, 6/20. A.-Z.: P 21799 VIIa/29a.

FrP 1516589. Verfahren zur kontinuierlichen Herstellung von gebauschten oder gequollenen Fäden, zusammengesetzt aus kurzen schrumpfbaren und fixierten Fasern, insbesondere geeignet für Acrylfäden. Erf. u. Inh.: *C. Degli Antoni* u. *G. Masci*. A. 21. 3. 67, B. 8. 3. 68. Int. Kl.: D 02j u. D 02 g. A.-Z.: 99704. Prior: 23. 3. 66 (It; A.-Z.: 6540/66).

USP 3373555 Zus. z. Pat. m. A.-Z.: 501140. A. 22. 10. 65. Textilspindel. Erf.: *Hans H. Richter*. Inh.: Lessona Corp., Warwick, R. I. A. 21. 6. 66, B. 19. 3. 68. Kl.: 57–77,45 21 Anspr. A.-Z.: 555868.

DAS 1263980. Düsenziehverfahren und Vorrichtung zur Herstellung von Fäden aus in der Wärme plastischem, insbesondere glasigem Material. Erf.: *Paul F. Ludwig* u. *Kurt Neumann*. Anm.: Paul F. Ludwig, 6072 Dreieichenhain, Am Kellerbusch 2; u. Battelle-Institut e. V., 6000 Frankfurt, Wiesbadener Straße. A. 11. 6. 65, B. 21. 3. 68. Kl.: 29a, 6/30. A.-Z.: L 50886 VIb/29a.

*Klasse 29b. Chemische Gewinnung bzw. Herstellung von Spinnfasern und Fäden sowie ihre Präparation für die textile Weiterverarbeitung*

USP 3374103. Kollagenfibrille und neutrale Salzkompostion. Erf.: *Stanley M. Barkin*. Inh.: Ethecon, Inc. A. 8. 7. 64, B. 19. 3.68. Kl.: 106–161. 8 Anspr. A.-Z.: 381251. Entspr. GBP 1108331.

JaP 4535/68. Hochgekräuselter Viskosefaserstoff. Inh.: Mitsubishi Rayon Co. Ltd. A. 12. 3. 65, B. 19. 2. 68. A.-Z.: 14393/65.

USP 3377412 Zus. z. Pat. m. A.-Z.: 371840. A. 1. 6. 64. Polyvinylpyrrolidon in Viskose und Verfahren zur Herstellung färbbarer Fäden. Erf.: *Neal E. Franks*. Inh.: American Enka Corp., Enka, N. C. A. 14. 8. 67, B. 9. 4. 68. Kl.: 264–78. 2 Anspr. A.-Z.: 660250. A.-Z.: 371840 entspr. SzP 452104, FrP 1444316 u. GBP 1064905.

SzP 457706. Verfahren zur Herstellung von zusammengesetzten Fäden aus synthetischen Material und erhaltener Faden. Erf.: *Luigi Ciceri, Domenico Nicita* u. *Paolo Parmeggiani*. Inh.: Snia Viscosa Soc. Nazionale Industria Applicazioni S. p. A., Via Cernaia 8, Mailand (It). A. 9. 8. 66. Kl.: 29b, 3/60. A.-Z.: 11395/66. Prior.: 10. 8. 65 (It; A.-Z.: 11229/65). Entspr. FrP 1489381.

JaP 27578/67. Spinnflüssigkeit. Inh.: Asahi Chem. Ind. Co. Ltd. A. 23.10.65. B. 27. 12. 67. A.-Z.: 64700/65.

USP 3379810. Verfahren zur Herstelung von Polyamidfäden hoher Festigkeit. Erf.: *Terumichi Ono, Tsuneo Haga* u. *Rokuro Sakai*. Inh.: Toyo Rayon Kabushiki Kaisha, Tokio (Ja). A. 30. 7. 64. B. 23. 4. 68. Kl.: 264–210. 4 Anspr. A.-Z.: 386287. Prior.: 2. 8. 63 (Ja: A.-Z.: 38/40317). Entspr. FrP 1411790 u. GBP 1074302.

DDP 61319. Verfahren zur Herstellung von Fäden aus Polyacrylnitrilcopolymeren nach dem Trockenspinnverfahren. Erf. u. Inh.: *Volker Gröbe, Paul Klug* u. *Werner Zibell*, Teltow. A. 19. 4. 67, B. 20. 4. 68. Kl.: 29b, 3/65. A.-Z.: WP 29b/124087.

DAS 1262501. Verfahren zur Herstellung von animalisierten Polyvinylalkoholfäden oder -fasern. Erf.: *Tetsuro Osugi, Masakazu Matsumoto, Kenichi Tanabe* u. *Yutaka Hirano*. Anm.: Kurashiki Rayon Co. Ltd., Kurashiki (Ja). A. 8. 6. 57, B. 7. 3. 68. Kl.: 29b, 3/65. A.-Z.: K 32142 IVc/29b.

SzP 455133. Verfahren zur Herstellung von Acrylfasern von hohem Weißheitsgrad. Erf.: *Corrado Mazzolini* u. *Carlo Gabutti*. Inh.: Monsanto Chemical Co., 800 North Lindbergh Boulevard. St. Louis, Mo. (US). A. 26. 6. 63. Kl.: 29b, 3/65. A.-Z.: 7889/63. Prior.: 27. 6. 62 (It: A.-Z.: 18850/62). Entspr. FrP 1361675.

GBP 1114086. Verfahren zum Naßspinnen von Fäden aus Poly-2.6-disubstituierten Paraphenylenäthern. Inh.: Algemene Kunstzijde Unie N. V. A. 25. 8. 66, B. 8. 5. 68. Kl.: B 5.B. Int. Kl.: D 01f 7/04. A.-Z.: 38148/66. Prior.: 28. 8. 65 u. 1. 3. 66 (Nd; A.-Z.: 6511/263 u. 6602607). Entspr. FrP 1495039.

JaP 27584/67. Konjugierte gekräuselte Acrylfaserstoffe. Inh.: Nippon Exlan Ind. Co. Ltd. A. 14. 10. 63, B. 27. 12. 67. A.-Z.: 55198/63. Entspr. GBP 1027018.

JaP 27572/67. Gestreckte Polyamidfäden. Inh.: Toyo Rayon Co. Ltd. A. 31. 5. 65, B. 27. 12. 67. A.-Z.: 31704/65.

USP 3378999. Metallgarnstruktur. Erf.: *John A. Roberts* u. *Joseph R. Quirk*. Inh.: Brunswick Corp. A. 17. 6. 65, B. 23. 4. 68. Kl.: 57–139. 9 Anspr. A.-Z.: 464721.

*Klasse 32a, 37/00. Herstellung von Fasern oder Fäden aus flüssigem Glas, flüssigen Mineralien oder flüssiger Schlacke*

DDP 61599. Verfahren und Vorrichtung zum Herstellen von Glasfäden. Erf.: *Herbert Vissers*. Inh.: Landbouwerktuigen- & Machinenfabrick H. Vissers NV, Nieuw-Vennep (Nd). A. 6. 6. 67, B. 5. 5. 68. Kl.: 32a, 37/02. A.-Z.: WP 32a/125109. Prior.: 10. 6. 66 (Nd; A.-Z.: 6608058).

USP 3374075. Verfahren und Vorrichtung zur Herstellung von faserigem Material. Erf.: *Robert Earl, Maddox Robert Edward Hengstler* u. *Stanley George Benner*. Inh.: Johns-Manville Corp., New York, N. Y. A. 7.10.65, B. 19. 3. 68. Kl.: 65–6. 5 Anspr. A.-Z.: 493823. Entspr. FrP 1495936.

JaP 27586/67. Kontinuierlich arbeitende Spinnvorrichtung für Schmelzglas. Inh.: Wetrocoke S. p. A. A. 13. 11. 63, B. 27. 12. 67. Kl.: 42 E. Prior.: 13. 11. 62 (It: A.-Z.: 22370/62). Entspr. FrP 1373611.

*Klasse 39b. Verarbeitung von plastischen Massen, Kautschuk und hornartigen Stoffen, soweit nicht anderweitig vorgesehen (chemischer Teil), auch von Brems- und Schleifmassen sowie thermischen und akustischen Isoliermassen (teilweise)*

GBP 1113921. Herstellung biegsamer Materialien. Co., Ltd. A. 22. 7. 64, B. 8. 5. 68. Kl.: C3.C. Int. Kl.: C 08c 17/14 u. C 08d 13/14. A.-Z.: 29612/64.

USP 3379677. UV-Stabilisatoren für Kunststoffmaterialien. Erf.: *Hans Dressler* u. *Kenneth G. Reabe*. Inh.: Koppers Co., Inc. A. 28. 2. 66, B. 23. 4. 68. Kl.: 260 -- 45,8. 5 Anspr. A.-Z.: 530335.

DAS 1264047. Verfahren zur Herstellung von Urethangruppen enthaltenden Elastomeren. Erf.: *Joachim Kunde, Hans Wilhelm, Helmut Dörfel* u. *Konrad Rauch*. Anm.: Badische Anilin- & Soda-Dabrik AG, 6700 Ludwigshafen. A. 4. 12. 65, B. 21. 3. 68. Kl.: 39b, 22/04. A.-Z.: B 84838 IVc/39b.

DAS 1264765. Stabilisierung von wäßrigen Melaminformaldehydharzlösungen. Erf.: *Paul Bornmann* u. *Horst Michaud*. Anm.: Süddeutsche Kalkstickstoff-Werke AG, 8223, Trostberg. A. 11. 1. 66, B. 28. 3. 68. Kl.: 39b, 22/04. A.-Z.: S 101383 IVc/39b.

USP 3379668. Polyurethankompositionen mit verbesserten Eigenschaften bei niedriger Temperatur und erhöhter Geschmeidigkeit. Erf.: *Edward J. Lui*, u. *Frederick L. Pittenger*. Inh.: The B. F. Goodrich Co., New York. N. Y. A. 25. 3. 65, B. 23. 4. 68. Kl.: 260 -- 31,4. 12 Anspr. A.-Z.: 442777. Entspr. FrP 1471453 u. GBP 1087744.

DAS 1262587. Stabilisieren von Polyvinylchlorid und Vinylchlorid-Mischpolymerisaten. Erf.: *Alfred Szczepanik* u. *Günter Koenen*. Anm.: Chemische Fabrik Hoesch KG, 5160, Düren. A. 9. 12. 60, B. 7. 3. 68. Kl.: 39b, 22/06. A.-Z.: C 22930 IVc/39b. Entspr. SzP 412319 u. USP 3297584.

DAS 1264771. Verfahren zur Vernetzung von Polymerisaten und Copolymerisaten der Acrylsäureester. Erf.: *Herbert Bartl* u. *Julius Peter*. Anm.: Farbenfabriken Bayer AG, 5090 Leverkusen. A. 10. 9. 60, B. 28. 3. 68. Kl.: 39b, 22/06. A.-Z.: F 32097 IVc/39b.

SzP 455277. Verfahren zur Herstellung von Polyvinylacetat-Dispersionen. Erf.: *Günter Tauber* u. *Hans Zoebelein*. Inh.: Henkel & Cie GmbH, Henkelstraße 67. Düsseldorf-Holthausen (DB). A. 3. 5. 63. Kl.: 39b, 22/06. A.-Z.: 5579/63. Prior.: 5. 5. 62 (DB: A.-Z.: H 45695 IVd/39c, DAS 1180133). Entspr. FrP 1356143.

FrP 1518816 (Aj.). Polymere Kompositionen auf Basis von Vinylchlorid für Plastisole. Erf.: *C. Lambling* u. *N. Fischer*. Inh.: Produits Chimiques Pechiney-Saint-Gobain. A. 6. 2. 67, B. 29. 3. 68. Int. Kl.: C 08f. A.-Z.: 93854.

FrP 1519997. Komposition aus plastischen Stoffen auf Basis von chloriertem Polyvinylchlorid. Inh.: Solvay & Cie. A. 19. 4. 67, B. 5. 4. 68. Int. Kl.: C 08f. A.-Z.: 103348. Prior.: 20. 4. 66 (Be; A.-Z.: 26976/66).

JaP 4209/68. Färben von Polyolefinmaterialien. Inh.: Toyo Rayon Co. Ltd. A. 9. 1. 65, B. 15. 2. 68.

USP 3375303 Zus. z. Pat. m. A.-Z.: 225859. A. 24. 9. 62. Äthylenpolymerkomposition, die eine gute Profilfläche bei sehr hohen Extrudiergeschwindigkeiten liefert. Erf.: *William H. Joyce*. Inh.: Union Carbide Corp. A. 7. 10. 64, B. 26. 3. 68. Kl.: 260 -- 897. 4 Anspr. A.-Z.: 402318.

USP 3378518. Stabilisator mit Durylen-bisphenolen für Polypropylen. Erf.: *Marshall E. Dyole*. Inh.: Shell Oil Co. A. 28. 9. 59, B. 16. 4. 68. Kl.: 260 -- 45,95. 2 Anspr. A.-Z.: 842579. Entspr. DAS 1174977, SzP 427253 u. FrP 1505303.

USP 3378609 Zus. z. Pat. m. A.-Z.: 107330. A. 3. 5. 61. Öl- und wasserabweisende Kompositionen. Erf.: *Ross Wade Fasick, Rulon Edward Johnson* u. *Stuart Raynolds*. Inh.: E. I. du Pont de Nemours and Co., Wilmington, Del. A. 19. 6. 63, B. 16. 4. 68. Kl.: 260 -- 890. 6 Anspr. A.-Z.: 288894. Entspr. BGP 1011612.

USP 3379669. Synthetische thermoplastische Harzkomposition aus Vinylchlorid und aliphatischen Phthalsäureester-Weichmachern. Erf.: *Fausto Bargellini* u. *Enzo Gagliardo*. Inh.: Montecatini Edison S. p. A. Mailand (It). A. 21. 9. 65, B. 23. 4. 68. Kl.: 260 -- 31,6. 2 Anspr. A.-Z.: 489072. Prior.: 28. 9. 64 (It; A.-Z.: 21032/64). Entspr. FrP 1447869.

USP 3380986. Verfahren zum Zufügen nicht wasserlöslicher Substanzen zu kristallinen Polyolefinen. Erf.: *Henricus van Vucht A*. Inh.: Stamicarbon N. V., Heerlen (Nd). A. 10. 12. 64, B. 30. 4. 68. Kl.: 260 -- 94,9. 12 Anspr. A.-Z.: 417468. Prior.: 13. 12. 63 (Nd; A.-Z.: 301827). Entspr. FrP 1425495 u. GBP 1073388.

FrP 1521302. Verbesserungen bei den Mitteln zur Erzeugung von faserverstärkten Polyesterbeschichtungen durch Versprühen der Komponenten dieser Beschichtungen. Inh.: Houillères du Bassin du Nord et du Pas-de-Calais. A. 24. 4. 60, B. 19. 4. 68. Int. Kl.: C 08g 39/00 u. B 29c u. B 44d. A.-Z.: 825247.

GBP 1113926. Stabilisierung polymerer Materialien. Inh.: Imperial Chemical Industries Ltd. A. 21. 10. 64, B. 8. 5. 68. Kl.: C 3. R, Int.-Kl.: C 08g 51/60. A.-Z.: 42974/64. Entspr. FrP 1464708.

*Klasse 39c. Herstellung von Kunstharzen*

FrP 1516766. Kontinuierliches Verfahren sowie Vorrichtung zur Abtrennung von Polymeren aus ihren Lösungen. Erf.: *E. Ceausescu* u. *V. Fieroiu*. Inh.: Ministerul Industriei Chimice. A. 16. 6. 66, B. 15. 3. 68. Int. Kl.: C 08f. A.-Z.: 65723. Prior.: 16. 6. 65 (Ru; A.-Z.: 49888).

DAS 1264777. Verfahren zur Herstellung eines hellfarbigen und farbstabilen Polyesterurethans. Erf.: *Robert Ray Bloor* u. *Edmond George Koylchek*. Anm.: The B. F. Goodrich Co., Akron, Ohio (US). A. 20. 1. 65, B. 28. 2. 68. Kl.: 39c, 6. A.-Z.: G 42603 IVc/39c. Prior.: 21. 1. 64 (US; A.-Z.: 339000, USP 3298995). Entspr. FrP 1441466 u. GBP 1056721.

DAS 1264059. Verfahren zur Herstellung von linearen Mischpolyamiden. Erf.: *Rudolf Gabler*. Anm.: W. R. Grace & Co., Cambridge, Mass. (US). A. 14. 8. 62, B. 21. 3. 68. Kl.: 39c, 10. A.-Z.: G 35713 IVd/39c. Entspr. FrP 1373759, GBP 987962 u. USP 3294758.

SzP 456146. Verfahren zur Herstellung von antistatischen Polyamiden bzw. Mischpolyamiden. Erf.: *Keizoh Ueda, Bunji Fukuda, Hiroshi Mikami* u. *Tsuneo Okawara*. Inh.: Kanegafuchi Spinning Co., Ltd., 1612, 2-chome, Sumida-machi, Sumida-ku, Tokio (Ja.). A. 7. 8. 59. Kl. 39c, 10. A.-Z.: 12985/61. Prior.: 8. 8. 58, 12. 6. 59 u. 16. 6. 59 (Ja; A.-Z.: 22502/58, 19072/59 u. 19635/59).

JaP 27079/67. Kettenverlängerungsmittel. Inh.: Kurashiki Rayon Co. Ltd. A. 14. 6. 66, B. 21. 12. 67.

USP 3379697. Verfahren zur ionogenen Polymerisation von ω-Lactamen mit Oxy- oder Thioalkinen als Aktivatoren. Erf.: *Johannes van Mourik* u. *Johannes van Beveren*. Inh.: Stamicarbon N. V., Heerlen (Nd). A. 24. 2. 65, B. 23. 4. 68. Kl.: 260 -- 78. 16 Anspr. A.-Z.: 435035. Prior.: 28. 2. 64 (Nd; A.-Z.: 64 -- 1963).

USP 3379698. Anionische Lactampolymerisation. Erf.: *Johan A. Bigot, Johannes van Mourik* u. *Johannes van Beveren*. Inh.: Stamicarbon N. V., Heerlen (Nd). A. 26. 3. 65, B. 23. 4. 68. Kl.: 260 -- 78. 16 Anspr. A.-Z.: 443097. Prior.: 7. 4. 64 (Nd: A.-Z.: 64 -- 3653).

USP 3380968. Neue Terpolyamide der Phenylidancarbonsäure. Erf.: *James S. Ridgway*. Inh.: Monsanto Co., St. Louis, Mo. A. 21. 5. 65, B. 30. 4. 68. Kl.: 260 -- 78. 6 Anspr. A.-Z.: 457806. Entspr. FrP 1480690 u. GBP 1099577.

SzP 456150. Verfahren zur Herstellung von neuen, härtbaren, stickstoffhaltigen Kondensationsprodukten. Erf.: *Hermann Diethelm, Willy Fisch* u. *Ewald Forster*. Inh.: Ciba AG, Basel. A. 26. 3. 65. Kl.: 39c, 13. A.-Z.: 903/68.

DAS 1264779. Verfahren zur Herstellung linearer Polyester. Erf.: *Adolf Hartmann* u. *Peter Kresse*. Anm.: Farbwerke Hoechst AG vorm. Meister Lucius & Brüning, 6000 Frankfurt. A. 24. 5. 62, B. 28. 3. 68. Kl.: 39c, 16. A.-Z.: F 36636 IVd/39c. Entspr. FrP 1355980, GBP 1023872 u. USP 3299004.

DAS 1264780. Verfahren zur Herstellung von hochpolymeren, pigmentierten Polyalkylenglykolterephthalaten. Erf.: *Egidius Welfers*. Anm.: Farbwerke Hoechst AG vorm. Meister Lucius & Brüning, 6000 Frankfurt. A. 26. 6. 64, B. 28. 3. 68. Kl.: 39c, 16. A.-Z.: F 43269 IVd/39c. Entspr. FrP 1437986 u. GBP 1060887.

FrP 1522023. Verfahren zur Polymerisation von Lactonen. Inh.: Shell Internationale Research Maatschappij N. V. A. 8. 5. 67, B. 19. 4. 68. Int. Kl.: C 08g 17/00. A.-Z.: 105504. Prior.: 9. 5. 66 (Nd; A.-Z.: 6606273).

USP 3374201. Polyester aus einer Mischung von unterschiedlichen aromatischen Dicarbonsäuren. Erf.: *Maria V. Wiener*. Inh.: The Goodyear Tire & Rubber Co., Akron, Ohio. A. 13. 3. 64, B. 19. 3. 68. Kl.: 260 -- 47. 16 Anspr. A.-Z.: 351834.

USP 3374208. Herstellung von Polyestern aus Alkylenoxiden und Dicarbonsäureanhydriden. Erf.: *Jerome A. Seiner* u. *Earl E. Parker*. Inh.: Pittsburgh Plate Glass Co., Pittsburgh, Pa. A. 19. 10. 62, B. 19. 3. 68 Kl.: 260 -- 78,4. 1 Anspr. A.-Z.: 231767. Entspr. FrP 1376810.

USP 3377320. Verfahren zur Verwendung von Germaniumdioxid als Polyester-Kondensationskatalysator. Erf.: *Gijsvertus Zoetbrood J.*. Inh.: American Enka Corp., Enka, N. C. A. 19. 2. 65, B. 9. 4. 68. Kl.: 260 -- 75. 5 Anspr. A.-Z.: 434090. Prior.: 3. 3. 64 (Nd; A.-Z.: 64 -- 2098).

USP 3380965. Verfahren zur Herstellung acetylenisch ungesättigter Polycarbonate. Erf.: *Markus Matzner*. Inh.: Union Carbide Corp. A. 10. 2. 64, B. 30. 4. 68. Kl.: 260 -- 47. 6 Anspr. A.-Z.: 343453. Entspr. GBP 1103305.

DAS 1262599 Zus. z. Anm. mit A.-Z.: F 40317 IVd/39c (DAS 1257428). Verfahren zur Herstellung von Paraformaldehyd. Erf.: *Rolf Schumacher*. Anm.: Karl Fischer Apparate- und Rohrleitungsbau, 1000 Berlin 27, Holzhauser Str. 161 -- 165. A. 28. 2. 67, B. 7. 3. 68. Kl.: 39c, 18. A.-Z.: F 51651 IVd/39c.

FrP 1517376. Verfahren zur Polymerisation von Formaldehyd. Inh.: Società Italiana Resine S. p. A. A. 31. 3. 67, B. 15. 3. 68. Int. Kl.: C 08g 1/00. A.-Z.: 101087. Prior.: 2. 4. 66 (It; A.-Z.: 7510/66).

GBP 1113506. Verfahren zur Herstellung makromolekularer Formaldehydpolymerer. Inh.: Stamicarbon N. V. A. 22. 11. 65, B. 8. 5. 68. Kl.: C 3. P, Int. Kl.: C 08g 13/00. A.-Z.: 49537/65. Prior.: 25. 11. 64 (Nd; A.-Z.: 6413656). Entspr. SzP 456154 u. FrP 1462524.

USP 3378527 Zus. z. Pat. m. A.-Z.: 168062. A. 23. 1. 62. Ester/Äther/Acetal-Copolymere und Verfahren zu ihrer Herstellung. Erf. u. Inh.: *Leslie C. Case* and *Laura K. Case*, beide in 14 Lockland Road, Winchester, Mass. 01890. A. 8. 9. 66, B. 16. 4. 68. Kl.: 260 -- 67. 62 Anspr. A.-Z.: 578425.

DDP 61348. Verfahren zur Herstellung von Vinylchlorid-Polymerisaten und/oder Copolymerisaten eines hohen Kristallinitätsgrades. Erf.: *Giancarlo Borsini, Carlo Nicora, Guidobaldo Ceridalli* u. *Giovanni Confalonieri*. Inh.: Montecatini Edison S. p. A., Mailand (It). A. 9. 2. 67, B. 20. 4. 68. Kl.: 39c, 25/01. A.-Z.: AP 39c/122605. Prior.: 10. 2. 66 (It: A.-Z.: 14332).

DAS 1263303. Verfahren zur Herstellung von Mischpolymerisaten des Vinylchlorids durch Polymerisation von Vinylchlorid mit Propylen. Erf.: *Walter Albert, Horst Pfister* u. *Gerhard Bier*. Anm.: Farbwerke Hoechst AG, vorm. Meister Lucius & Brüning, 6000 Frankfurt. A. 19. 12. 59, B. 14. 3. 68. Kl.: 39c, 25/01. A.-Z.: F 30136 IVd/39c).

DAS 1264064. Verfahren zur Herstellung von Mischpolymerisaten. Erf.: *Gerhard Faerber*. Anm.: Deutsche Solvay-Werke GmbH, 5650 Solingen-Ohligs. A. 22. 6. 62, B. 21. 3. 68. Kl.: 39c, 25/01. A.-Z.: D 39185 IVd/39c. Entspr. GBP 971250.

DAS 1264070. Verfahren zur Polymerisation von äthylenisch ungesättigten Monomeren. Erf.: *Giancarlo Borsini, Mario Ragazzini* u. *Umberto Peron*. Anm.: Società Edison, Mailand (It). A. 10. 11. 61, B. 21. 3. 68. Kl.: 39c, 25/01. A.-Z.: S 76643 IVd/39c. Prior.: 11. 11. 60 (It: A.-Z.: 19462).

OeP 264813. Verfahren zur Polymerisation von α-Olefinen. Erf.: *Pietro Saccardo, Gianni Trada, Giuseppe Muratori, Villanova di Bagnacavallo* u. *Jean Herzenberg*. Inh.: Edison Sett. Ch., Mailand (It). A. 4. 8. 64, B. 15. 6. 68. Kl.: 39b, 12. A.-Z.: 6715/64. Prior.: 9. 8. 63 (It).

OeP 264820. Verfahren zur Polymerisation von Tetrafluoräthylen. Inh.: Società Edison, Mailand. A. 20. 3. 63, B. 15. 12. 67. Kl.: 39b, 14. A.-Z.: 2185/63. Prior.: 20. 3. 62, 13. 3. 63 u. 20. 9. 62 (It).

OeP 264827. Verfahren zur Herstellung von Vinylchlorid-Polymerisaten und -Mischpolymerisaten. Erf.: *Giancarlo Borsini, Carlo Nicora* u. *Lorenzo Ratti*. Inh.: Società Edison, Mailand. A. 16. 3. 66, B. 15. 12. 67. Kl.: 39b, 14. A.-Z.: 2505/66. Prior.: 17. 3. 65 (It).

SzP 457862. Verfahren zur Herstellung neuer Polymerisationsprodukte aus 8-Hydroxychinolinen. Erf.: *Paul Schäfer, Helmuth Huber-Emden, Hans Rudolf Hitz* u. *Arthur Maeder*. Inh.: Ciba AG, Basel. A. 23. 12. 65. Kl.: 39c, 25/01. A.-Z.: 17733/65. Entspr. FrP 1511110.

FrP 90938 Zus. z. Pat. 1400556 (Aj.). Neue Maleinsäurehydridpolymere, Verfahren zu deren Herstellung sowie deren Anwendungen. Erf.: *H. Sack, M.-H. Loucheux* u. *A. Banderet*. Inh.: Centre National de la Recherche Scientifique. A. 19. 10. 66, B. 8. 3. 68. Int. Kl.: C 08f. A.-Z.: 80612.

FrP 1515877. Verfahren zur Halogenierung von Vinylpolymeren. Erf.: *G. Gatta*, u. *R. Rettore*. Inh.: Società Edison. A. 21. 7. 66, B. 8. 3. 68. Int. Kl.: C 08f. A.-Z.: 70208. Prior.: 21. 7. 65 u. 22. 3. 66 (It; A.-Z.: 16432/65 u. 6479/66).

FrP 1516800 (Aj.). Verfahren zur Polymerisation und Copolymerisation von Olefinen. Inh.: Solvay et Cie. A. 21. 10. 66, B. 15. 3. 68. Int. Kl.: C 08f. A.-Z.: 81066.

FrP 1518562. Verfahren zur Herstellung von Zwischenpolymeren von aromatischen Vinylkohlenwasserstoffen und Ölen. Erf.: *J.-J. Minez Le*. Inh.: Société Industrielle d'Applications Chimiques S. I. N. A. C. A. 4. 5. 60, B. 29. 3. 68. Int. Kl.: C 08f. A.-Z.: 826148.

GBP 1113898. Polymere und Copolymere von α-Olefinen. Inh.: International Synthetic Rubber Co. Ltd. A. 18. 4. 66, B. 8. 5. 68. Kl.: C 3.P, Int. Kl.: C 08f 1/56. A.-Z.: 16916/66. Entspr. FrP 1519283.

PoP 55644. Verfahren zur Herstellung eines methylmethacrylathaltigen thermoplastischen Copolymeren. Erf.: *Kazimierz Borodzinski, Andrezej Gluski, Wojciech Zabierzański.* Inh.: Zjednoszone Zespoly Gospodarcze Sp. z. o. o., Warschau (Po). A. 18. 1. 67. Kl.: 39c, 25/01.

SUP 217639. Verfahren zur Herstellung von wasserlöslichen Derivaten des Polyvinylalkohols. Erf.: *E. T. Saranča, R. Š. Derevjanko* u. *V. I. Bajrak.* A. 16. 4. 65, B. 7. 3. 68. Kl.: 39c, 25/01. A.-Z.: 1002700/23 – 5.

ČSP 127396 Zus. z. Pat. 123898. Verfahren zur Herstellung linearer amorpher Copolymerer. Erf.: *Alberto Valvassori, Renato Serra* u. *Guido Sartori.* A. 26. 2. 63. B. 15. 11. 67. Kl.: 39c, 25/01, Int. Kl.: C 08f. A.-Z.: 1104/63. Prior.: 27. 2. 62 (It).

ČSP 126533. Verfahren zur Herstellung kältebeständiger Polyvinylacetatdispersionen. Erf.: *Severin Sulan.* A. 30. 3. 66, B. 15. 11. 67. Kl.: 39c, 25/01 (12s), Int. Kl.: C 08f. A.-Z.: 2098/66.

USP 3374214. Verfahren zur Polymerisation von Propylen mit einem festen ternären Katalysator aus Titan, Antimon und Aluminium. Erf.: *Itsuhi Aishima* u. *Yukichi Takashi.* Inh.: Asahi Kasei Kogyo Kabushiki Kaisha, Osaka (Ja). A. 26. 11. 63, B. 19. 3. 68. Kl.: 260 – 93,7. 26 Anspr. A.-Z.: 326079. Prior.: 24. 1. 62, 22. 5. 63 u. 24. 5. 63 (Ja; A.-Z.: 37/52844, 38/25533 u. 38/26267). Entspr. GBP 1001699. A.-Z.: 38/25533 u. 38/26267 entspr. FrP 1385687.

USP 3377325. Verfahren zur Copolymerisation von Olefinen mit Vanadiumoxytrichlorid, Alkylaluminiumsesquihalogenid und Schwefel als Katalysator. Erf.: *Frederick C. Loveless.* Inh.: Uniroyal Inc. A. 26. 8. 63, B. 9. 4. 68. Kl.: 260 – 80,78. 3 Anspr. A.-Z.: 304647. Entspr. FrP 1416404 u. GBP 1081697.

USP 3378537. Homopolymere des Methylvinyläthers und Verfahren zu ihrer Herstellung mit Bortrifluorid oder dessen Ätheraten sowie Dioxan als Katalysator und einem aromatischen Kohlenwasserstoff als Lösungsmittel. Erf.: *Herman S. Schultz.* Inh.: General Aniline & Film Corp., New York, N. Y. A. 6. 11. 64, B. 16. 4. 68. Kl.: 260 – 91,1. 2 Anspr. A.-Z.: 409601. Entspr. FrP 1455506.

DDP 61103. Verfahren zur Herstellung von flüssigen Butadienpolymerisaten und -mischpolymerisaten. Erf. u. Inh.: *Werner Junghans*, Schkopau u. *Heinz Tobisch*, Schkopau. A. 22. 6. 67, B. 5. 4. 68. Kl.: 39c, 25/05. A.-Z.: WP 39c/125464.

DAS 1263308. Verfahren zur Polymerisation aliphatischer konjugierter Diolefine. Erf.: *Yuzi Okuzumi.* Anm. Polymer Corp. Ltd., Sarnia, Ontario (Ca). A. 31. 1. 64, B. 14. 3. 68. Kl.: 39c, 25/05. A.-Z.: P 33503 IVd/39c. Prior.: 3. 8. 63 (Ca; A.-Z.: 881642). Entspr. GBP 1009310.

DAS 1263312. Verfahren zur Herstellung von Polyacetalen oder Polyäthern. Erf.: *Edgar Fischer, Klaus Weissermel* u. *Klaus Küllmar†.* Anm.: Farbwerke Hoechst AG vorm. Meister Lucius & Brüning, 6000 Frankfurt. A. 30. 7. 59, B. 14. 3. 68. Kl.: 39c, 30. A.-Z.: F 29056 IVd/39c. Entspr. SzP 431077, GBP 965425 u. USP 3210297.

FrP 1521375. Neue Polyalkylenoxid-Pfropfpolymere auf Stärke und deren Derivaten. Inh.: Yissum Research Development Co. A. 23. 12. 66, B. 19. 4. 68. Int. Kl.: C 08b. A.-Z.: 88758. Prior.: 23. 12. 65 (Israel: A.-Z.: 24857).

*Klasse 42k, 50. Textilprüfung. Verfahren, Vorrichtungen und Maschinen zum Prüfen von Fasern, Fäden, Garnen, Geweben auf ihre mechanischen und Festigkeitseigenschaften, auf Spannungen, mechanische Unregelmäßigkeiten, Drall (Drehung), Porosität*

SUP 217011. Gerät zur Bestimmung des Wärmewiderstandes textiler Materialien und von Packungen aus ihnen. Erf.: *M. I. Sucharev, L. N. Sezin* u. *E. S. Lefitan.* A. 20. 9. 65, B. 26. 4. 68. Kl.: 42k, 50 (42k, 51). A.-Z.: 1028868/28 – 12.

SUP 217012. Vorrichtung für wiederholten Zug von Textilfäden. Erf.: *P. P. Iunajtis.* A. 6. 7. 66, B. 26. 4. 68. Kl.: 42k, 50. A.-Z.: 1089177/28 – 12.

SUP 217013. Vorrichtung zur Bestimmung der Aufspreizbarkeit eines Chemiefaserkabels. Erf.: *A. A. Charebor, M. Ja. Pilikorskij* u. *L. L. Gurvič.* Anm.: Central'nyj naučno-issledovatel'skij institut chlopčatobumažnij promyšlennosti. A. 4. 6. 66, B. 26. 4. 68. Kl.: 42k, 50. A.-Z.: 1081378/28 – 12.

SUP 217015. Relaxometer zur Prüfung von Kabelgarnen. Erf.: *S. G. Barkov, A. S. Denisov* u. *T. A. Gerškaron,* Anm.: Central'nyj naučno-issledovatel'ski institut promyšlennosti lubjanych volokon. A. 16. 12. 66, B. 26. 4. 68 Kl. 42k, 50. A.-Z.: 1118928/28 – 12.

SUP 217677. Scheuerprüfgerät für Fäden. Erf.: *S. M. Kirjuchin.* Anm.: Central'nyj naučno-issledovatel'skij institut šerstjanoj promyšlennosti. A. 6. 7. 66, B. 7. 3. 68. Kl.: 42k, 50 (42k, 38/01). A.-Z.: 1089180/28 – 12.

USP 3376621. Vorrichtung zum Anzeigen von Fadenbrüchen, besonders für Textilmaschinen. Erf.: *Leonard Thomas Frank Bryan.* Inh.: Detexomat Ltd., High Wycombe (GB). A. 26. 4. 66, B. 9. 4. 68. K.l: 28 – 51. 12 Anspr. A.-Z.: 545455.

*Klasse 47k. Allgemein anwendbare Verfahren und Vorrichtungen zum Bewegen, Führen und Speichern, z. B. Wickeln von faden- draht-, seil-, kabel-, schlauch-, band- oder bahnförmigem Gut (teilweise)*

DDP 61174. Lauf- oder Umlenkrolle zur Führung bandförmigen Materials unterschiedlicher Breite. Erf. u. Inh.: *Manfred Mirschel*, Dresden. A. 27. 7. 67, B. 5. 4. 58. Kl.: 47k, 3/00. A.-Z.: WP 47k/126247.

SzP 457071. Verfahren und Vorrichtung zum Verändern des Wicklungswinkels von schraubenlinienförmig auf einen Dorn zu wickelnden, fadenförmigem Material. Erf.: *James L. Grosh.* Inh.: United Aircraft Corp., 400 Main Street, East Hartford, Conn. (US). A. 7. 10. 65. Kl.: 47k, 5/02 (47k, 5/06). A.-Z.: 13829/65.

USP 3377675. Vorrichtung zum Ablegen von Fadenkabeln. Erf.: *Harry Marshall Cook.* Inh.: E. I. du Pont de Nemours and Co., Wilmington, Del. A. 15. 8. 66, B. 16. 4. 68. Kl.: 28 – 21. 4 Anspr. A.-Z.: 572334.

USP 3378898. Vorrichtung zum Ablegen von Textilpackungen. Erf.: *Frank Emmons. Mindes 3d.* Inh.: E. I. du Pont de Nemours and Co., Wilmington, Del. A. 5. 3. 65, B. 23. 4. 68. Kl.: 28 – 21. 4 Anspr. A.-Z.: 437499.

*Klasse 55b. Verfahren zur Herstellung von Zellstoff, Zellstoffkocher, Wiedergewinnung der Ablauge und Abgase*

DAS 1264233. Verfahren zur Herstellung von Zellstoff aus Holz. Erf.: *Arthur Raymond Sloman.* Anm.: Associated Pulp & Paper Mills Ltd., Melbourne, Victoria (Au). A. 3. 2. 61, B. 21. 3. 68. Kl.: 55b, 2/10. A.-Z.: A 36646 IVa/55b. Prior.: 8. 2. 60 (Au).

DAS 1263476. Vorrichtung zum Spülen und Entleeren von Gefäßen mit breiartigen Stoffen. Erf. u. Anm.: *Heinz Becker*, 4816 Senne 78. A. 3. 1. 59, B. 14. 3. 68. Kl.: 55b, 2/60, A.-Z.: B 51672 IVa/55b.

# Literaturschau

*Auszug aus Lieferung 21 und 22/1968 der Referatekartei „Faserstoffe und Textiltechnik", zusammengestellt von der Abteilung Wissenschaftliches Berichtswesen des Instituts für Faserstoff-Forschung der DAW, 153 Teltow-Seehof, Kantstr. 55*

## I. Wissenschaftliche Grundlagen

### Allgemeines

(Untersuchungsmethoden u. a.)

*Sloniewsky, A. R., Evans, G. T., Ander, P.:* Modifiziertes Zimm/Crothers-Rotationszylinderviskosimeter. J. Polymer Sci., A-2: Polymer Physics **6** (1968) 8, S. 1555 – 1560.

*Stanley, E. M., Batten, R. C.:* Kugelfallviskosimeter für Messung der Viskosität von Flüssigkeiten bei hohen Drücken und mäßigen Temperaturen. Analytic. Chem. **40** (1968) 11, S. 1751 – 1753.

*Becher, H. J.:* Kraftkonstantenberechnungen aus den Schwingungsspektren einfacher organischer Moleküle. Fortschr. chem. Forsch. **10** (1968) 1, S. 156 – 205.

*Pippel, W., Runge, K., Müller, K.:* Untersuchungen von Mischvorgängen mit Hilfe des radioaktiven Nuklids $^{24}$Na. Isotopenpraxis **4** (1968) 9, S. 363 – 367.

*Roth, W.:* Hochleistungs-Elektronenmikroskop mit 0,5 nm Punktauflösung. Internat. elektron. Rdsch. **22** (1968) 9, S. 247.

*Polke, M.:* Raster-Elektronenmikroskopie an Festkörperoberflächen. GIT-Fachz. Laboratorium **12** (1968) 9, S. 873 – 879.

### Physik und Chemie der Hochpolymeren

*Žuravler, L. V., Majboroda, B. V.:* Gleichung für die Beziehung zwischen der Viskosität der Viskose, den Zellstoffkennwerten und den Prozeßparametern. Chim. Volokna (Chem. Fasern) (1968) 5, S. 34 – 36.

*Kallistow, O. W.:* Einige praktische Fragen bezüglich der Bestimmung der Grenzviskosität von Polymerlösungen. Polimery, Warszawa **13** (1968) 6, S. 247 – 250.

*Nakatani, M., Iijima, K., Suganuma, A., Kawai, H.:* Lineare Viskoelastizität von partiell und vollständig formylierten Polyvinylalkoholen. J. macromol. Sci., B: Physics **2** (1968) 1, S. 55 – 87.

*Vinogrador, G. V., Ivanova, L. I.:* Abgleiten an der Wand und Turbulenz von Polymeren im kautschukartigen Zustand. Rheologica Acta, Darmstadt **7** (1968) 3, S. 243 – 254 (engl.).

*Thompson, D. S., Stanley, J.:* Bestimmung der Relaxationszeiten von Polymeren aus Doppelbrechungsrelaxationsmessungen. J. chem. Physics **47** (1967) 12, S. 5008 – 5017.

*Adler, A. J., Horing, R., Potter, J., Wells, M., Fasman, G. D.:* Zirkulardichroismus von Polypeptiden. Vergleich von Poly(hydroxyäthyl-L-glutamin) mit Poly(L-glutaminsäure). J. amer. chem. Soc. **90** (1968) 17, S. 4736 – 4738.

*Ciampelli, F., Lachi, M. P., Tosi, C.:* UR-Spektren von trans-Polyalkenameren. European Polymer J. **4** (1968) 4, S. 497 – 503.

*Skrercov, A. M., Birštejn, T. M., Fedorov, B. A.:* Über die Theorie der Lichtstreuung durch halbsteife Makromoleküle. Modell der statistischen Zickzacklinie. Dokl. Akad. Nauk SSSR (Ber. Akad. Wiss. UdSSR) **182** (1968) 2, S. 322 – 325.

*Rose, K., Maron, R., Gröbe, A.:* Elektronenmikroskopische Untersuchungen an Oberflächen von Celluloseregeneratfäden. Teil IV. Wirkung von Viskosemodifikatoren auf die Deckschichtbildung – elektronenmikroskopischer Nachweis. Faserforsch. u. Textiltechnik **19** (1968) 11, S. 499 – 504.

*Bates, N. A., Lyness, W. I.:* Elektronenmikroskopie von in Dimethylsulfoxid gequollenen und mit Osmiumtetroxid angefärbten Fasern. Tappi, New York **51** (1968) 9, S. 405 – 409.

*Diacik, I., Slavik, V., Fusek, K.:* Über den Einfluß von radioaktiven Substanzen auf die molekulare und übermolekulare Struktur des Polypropylens. Chem. Vlákna, Svit (Chem. Fasern) **18** (1968) 3/5, S. 105 – 114.

*Schurz, J.:* Strukturrheologische Untersuchungen an konzentrierten Lösungen, Schmelzen und Pasten. Papier **22** (1968) 9, S. 529 – 533.

*Gupta, V. B., Keller, A., Ward, I. M.:* Der Einfluß der Kristallitorientierung auf die mechanische Anisotropie von Polyäthylen niederer Dichte. J. macromol. Sci., B: Physics **2** (1968) 1, S. 139 – 146.

*Razikov, K. Ch., Tjagaj, E. D., Sajdaliev, T., Tašpulatov, Ju. T., Usmanor, Ch. U.:* Einfluß von Strukturumwandlungen der Cellulose auf die Feinstruktur von cyanäthylierten Präparaten. Vysokomol. Soed. (Hochmol. Verbind.) **10** B (1968) 7, S. 487 – 491.

*Ray, P. K.:* Zum Kristallinitätsgrad und zur Orientierung von mit Polymeren gepfropften Jutefasern. J. appl. Polymer Sci. **12** (1968) 7, S. 1787 – 1791.

*Abaturova, N. A., Vlodavec, I. N., Rebinder, P. A.:* Kondensationsstrukturen der Acetylcellulose. Kolloid. Ž., Moskva **30** (1968) 5, S. 656 – 661.

*Pekerný, B.:* Bestimmung von Hydroperoxiden im nichtoxydierten ataktischen Polypropylen. Chem. Prom., Praha (Chem. Ind.) **18(43)** (1968) 6, S. 315 – 318.

*Brendle, M., Koeppel, R., Banderet, A.:* Über einen Sonderfall der intermolekularen Umlagerung von Blockcopolymeren in Lösung. J. Polymer Sci., C: Polymer Symposia (1968) 22(1), S. 349 – 366.

*Sakai, T.:* Huggins-Konstante $k'$ für Polymere mit flexiblen Ketten. J. Polymer Sci., A – 2: Polymer Physics **6** (1968) 8, S. 1535 – 1549.

*Berry, G. C.:* Translationsreibungskonstante von kammförmig verzweigten Polymeren. J. Polymer Sci., A–2: Polymer Physics **6** (1968) 8, S. 1551 bis 1554.
*Gribkova, L. V., Sarachor, A. I.:* Über die Festigkeit der Granulate von spröden synthetischen Materialien. Zavodsk. Labor., Moskva (Betriebslabor) **34** (1968) 8, S. 1009–1010.
*Maličenko, B. F., Šelud'ko, E. V.:* Ein neuer Weg zur Erhöhung der thermischen Beständigkeit von Polyurethanen. Vysokomol. Soed. (Hochmol. Verbind.) **10 B** (1968) 6, S. 395.
*Hippe, Z., Jableński, H.:* Untersuchung der Lichtbeständigkeit von Polyurethan-Polymeren. Teil III. Photolyse in mit Ammoniak verunreinigter Luft. Polimery, Warszawa **13** (1968) 5, S. 208–213.
*Fikesová, A., Hloušek, M.:* Beurteilung der elektrischen Eigenschaften von Polyvinylchlorid. Chem. Prům., Praha (Chem. Ind.) **18(43)** (1968) 6, S. 318–324.
*Matlack, J. D., Metzger, A. P.:* Thermogravimetrische Untersuchung der thermischen Beständigkeit von modifiziertem Polyvinylchlorid. J. appl. Polymer Sci. **12** (1968) 7, S. 1745–1750.
*Janák, J., Hainová, O.:* Tschechoslowakische Polyester für die Gaschromatograhphie. Chem. Prům., Praha (Chem. Ind.) **18(43)** (1968) 6, S. 308 bis 312.
*Man', E. S., Sprogis, A. I.:* Bestimmung des Titandioxid-Gehaltes im Polycaproamid nach der Naßoxydationsmethode. Chim. Volokna (Chem. Fasern) (1968) 5, S. 68–69.
*Zeitlin, R. J.:* Reaktionen an der endständigen Vinylgruppe in Polyäthylen vom Philipps-Typ. J. Polymer Sci., C: Polymer Symposia (1968) 24, S. 269–276.
*Wiles, D. M., Cooney, J. D., Gingras, B. A.:* Einfluß von nichtcellulosischem Material auf den aktinischen Abbau von Baumwoll-Geweben. Teil IV. 5-Bromsalicylaldehyd, N-(n-Butyl)-5-Bromsalicylaldizmin. Di-(5-Bremsalicylaldehyd)-athylendiimin und ihre Kupfer-Komplexe. Textile Res. J. **38** (1968) 6, S. 615–620.
*Tager, A. A., Cilipetkina, M. V., Makerskaja, E. B.:* Anwendung der Tieftemperatur-Stickstoffsorptionsmethode für die Untersuchung der Porosität von polymeren Sorbentien. Vysokomol. Soed. (Hochmol. Verbind.) **10B** (1968) 7, S. 521–524.
*Vachon, R. N., Rebenfeld, L., Taylor, H. S.:* Oxydativer Abbau von Polyamid-6.6-Fäden. Textile Res. J. **38** (1968) 7, S. 716–728.
*Crompton, T. R.:* Identifizierung von Zusätzen in Polyolefinen und Polystyrolen. European Polymer J. **4** (1968) 4, S. 473–496.
*Spit, B. J.:* Anwendung der Golddekoration auf Polymere. J. macromol. Sci., B: Physics **2** (1968) 1, S. 45–54.
*Sorygina, N. N., Kuznecova, Z. I., Archipova, V. S., Prostjakova, V. M.:* Untersuchung der O-Alkylierung von Cellulose mit Sultonen. Vysokomol. Soed. (Hochmol. Verbind.) **10B** (1968) 6, S. 438–441.
*Poljakov, A. I., Spiridonova, L. N.:* Neue Reaktion der Nitrocellulose mit Bromal. Vysokomol. Soed. (Hochmol. Verbind.) **10B** (1968) 9, S. 637 bis 638.

### Physik und Chemie der Monomeren und Oligomeren

*Naumova, R. P., Belov, I. S.:* Umwandlung der ε-Aminocapronsäure bei der Zersetzung von Caprolactam durch Bakterien. Biochimija, Moskva **33** (1968) 5, S. 946–952.
*Semjakin, F. M., Zelenina, E. N.:* Formaldehyd als Reagens für die quantitative Bestimmung von Caprolactam. Ž. anal. Chimii (Z. analyt. Chemie) **23** (1968) 9, S. 1376–1379.
*Prati, G., Seves, A., Centola, G.:* Bildung und Stabilität der Fibroinlösungen in LiBr. Ricerca Doc. tessile, Milano (Textilforsch. u. -dok.) (1968) 2, S. 55–63.
*Szejtli, J.:* Säurekatalysierte Hydrolyse von α- und β-Methylglucopyranosiden. Acta chim. Acad. Sci. hung. **56** (1968) 2, S. 175–188.
*Kresta, J., Major, J., Veselý, K.:* Von Titanverbindungen induzierte Reaktionen eines niedermolekularen Polypropylens. J. Polymer Sci., C: Polymer Symposia (1968) 22(1), S. 329–338.

### Polymerisation

*Dartjan, S. P., Iržak, V. I., Rosenberg, B. A., Enikolopjan, N. S.* (Schreibw. i. Orig.: *Irjak, V. I., Enicolopjan, N. S.*): Kettenübertragung mit Abbruch und die Modifizierung von Polymeren mit Heteroketten. J. Polymer Sci., C: Polymer Symposia (1968) 22(1), S. 377–386.
*Hayashi, K., Okamura, S.:* Über den Mechanismus der strahlungsinduzierten ionischen Polymerisation. J. Polymer Sci., C: Polymer Symposia (1968) 22(1), S. 15–31.
*Livingston, H. K., Sullivan, J. W., Musher, Jeremy I.:* Synthese von organischen Jodatome höherer Wertigkeit enthaltenden Polymeren. J. Polymer Sci., C: Polymer Symposia (1968) 22(1), S. 195–202.
*Szwarc, M.:* Über die Struktur der aktiven Zentren bei der anionischen Polymerisation. Teil I. Polimery, Warszawa **13** (1968) 6, S. 239–246.
*Kilkson, H.:* Verallgemeinerung verschiedener Polykondensationsprobleme. IEC. Ind. engng. Chem./Fundamentals **7** (1968) 3, S. 354–363.
*Čefelin, P., Schmidt, P., Šebenda, J.:* Copolymerisation von ε-Caprolactam mit C-Methylcaprolactam. J. Polymer Sci., C: Polymer Symposia (1968) 23(1), S. 175–179.
*Pauškin, Ja. M., Nizova, S. A., Trjupina, V. M.:* Synthese von Polyoxyphenylvinylen durch dehydrohalogenierende Polymerisation. Vysokomol. Soed. (Hochmol. Verbind.) **10B** (1968) 9, S. 696–698.
*Lazareva, E. V., Telegin, V. G., Siderov, V. A., Bezrukova, A. P.:* Untersuchung der Polymerisationsinhibitoren von Vinyltoluol. Chim. Prom. (Chem. Ind.) **44** (1968) 9, S. 20(660)–22(662).
*Zajcev, B. A.:* Einige Fragen zur Beurteilung der Reaktionsfähigkeit von Vinylmonomeren und Radikalen bei der Homo- und Copolymerisation. Vysokomol. Soed. (Hochmol. Verbind.) **10A** (1968) 8, S. 1852–1860.
*Sadova, S. F., Konkin, A. A.:* Pfropfung von Vinylmonomeren auf Wollkeratin unter Verwendung von Verbindungen des fünfwertigen Vanadiums. Vysokomol. Soed. (Hochmol. Verbind.) **10B** (1968) 7, S. 542–546.
*Butler, G. B., Joyce, K. C.:* Untersuchung der Cyclocopolymerisation. IV. Nachweis der Bildung von Ladungsüberträger-Komplexen als Zwischenprodukte bei der Cyclocopolymerisation von 1,4-Dionen mit Alkenen. J. Polymer Sci., C: Polymer Symposia (1968) 22(1), S. 45–63.
*Figueruele, J. E., Worsfold, D. J.:* Anionische Polymerisation von Äthylenoxid im Hexamethylphosphoramid. European Polymer J. **4** (1968) 4, S. 439–444.
*Wojnarowski, T. J., Silin, L.:* Copolymere auf der Basis von Salzen der Acrylsäuren. Teil II. Copolymere von Styrol mit Kalium-Barium- und Calcium-Methacrylat. Polimery, Warszawa **13** (1968) 5, S. 188–191.
*Takahashi, K., Abe, S., Namba, K.:* Polymerisation und Copolymerisation von Nitroalkylacrylaten und -methacrylaten. J. appl. Polymer Sci. **12** (1968) 7, S. 1683–1695.
*Ulińska, A., Dzierza, W.:* Mersolan, als Initiator bei der Polymerisation von Methacrylsäure. Polimery, Warszawa **13** (1968) 6, S. 253–255.
*Trekoval, J., Vlcok, P.:* Regulierung der relativen Molekülmasse von Polybutylmethacrylat bei der anionischen Polymerisation. Chem. Prům., Praha (Chem. Ind.) **18(43)** (1968) 6, S. 312–315.
*Jurzenko, A. I., Zajac, N. N., Vil'sanskij, V. A.:* Perlpolymerisation von Methylmethacrylat mit Aktivierung der Initiierung an der Oberfläche von Monomertropfen. Dokl. Akad. Nauk SSSR (Ber. Akad. Wiss. UdSSR) **182** (1968) 2, S. 398–400.
*Avny, Y., Rebenfeld, L.:* Anionische Pfropf-Polymerisation von Acrylnitril auf Cellulose. Textile Res. J. **38** (1968) 7, S. 684–692.
*O'Malley, J. J., Marchessault, R. H.:* Reaktion von lebendem Polystyrol mit einigen natürlichen Polymeren und deren Analoga. J. Polymer Sci., C: Polymer Symposia (1968) 24, S. 179–205.
*Koršak, V. V., Cejtlin, G. M., Čerkasova, G. M., Berezkina, N. A.:* Synthese neuer Polybenzimidazole. Izv. Akad. Nauk SSSR, Serija chim. (Nachr. Akad. Wiss. UdSSR, Chemie) (1968) 9, S. 2143–2146.
*Fejgin, J., Sadowska, W., Temaszowicz, M.:* Einige Bemerkungen über die Herstellung und Reinigung von 1,3-Dioxolan. Polimery, Warszawa **13** (1968) 5, S. 191–193.
*Merelli, F., Tartarelli, R., Masetti, G.:* Abbruchvorgänge bei der kationischen Polymerisation von Trioxan. European Polymer J. **4** (1968) 4, S. 555–557.
*Frunze, T. M., Kurašev, V. V.:* Copolymerisation cyclischer Verbindungen. Usp. Chimii (Fortschr. d. Chemie) **37** (1968) 9, S. 1600–1625.
*Ciubotariu, M., Feldman, D., Simionescu, Cr.:* Einige Aspekte der Pfropfung von Baumwolle mit Acrylnitril unter der Einwirkung von γ-Strahlung. Celuloza şi Hîrtie, Bucureşti (Cellulose u. Papier) **17** (1968) 9, S. 357 bis 362.
*Yamazaki, N., Kambara, S.:* Über den Polymerisationsmechanismus von Vinylchlorid und Chloropren in Gegenwart von Komplexen der Übergangsmetalle. J. Polymer Sci., C: Polymer Symposia (1968) 22(1), S. 75 bis 88.

### Sonderfragen

*Telmačev, V. N., Mirošnik, L. V., Čajkina, E. A., Gal'brajch, L. S.:* Untersuchung der Säure- und Ionenaustauschereigenschaften von Cellulosederivaten mit komplexbildenden Gruppen. Vysokomol. Soed. (Hochmol. Verbind.) **10A** (1968) 8, S. 1811–1816.
*Giovanoli, R.:* Über die Bildung, Umwandlung und Eigenschaften einiger Metalloxide. Textilveredlung, Weinfelden/Schweiz **3** (1968) 9, S. 457 bis 466.

## II. Fasserstoffe. Ausgangsstoffe. usw.

*Blouin, F. A., Morris, N. J., Arthur, J. C.:* Vinyl/Cellulose-Copolymere. Teil I. Der Einfluß der Herstellungsmethode auf die Eigenschaften von Polyacrylnitril/Baumwoll-Copolymere. Textile Res. J. **38** (1968) 7, S. 710–716.

### Naturfaserstoffe

*Pflanzliche Faserstoffe*

*Popescu, D., Popescu, N.:* Die Verwertung von Leinen-, Hanf- und Juteabfällen (Fasern unter 100 mm Länge), die von Spinnereien und Röstereien stammen, zur Herstellung von ungewebten Textilartikeln. Ind. textila, Bucureşti **19** (1968) 8, S. 461–465.
*Kabir, M.:* Herausfinden neuer Anwendungsmöglichkeiten und verbesserter Verwendungszwecke für Jute. Textile Manuf. **94** (1968) 1124, S. 314 bis 317.
*Perkins, H. H.:* Rascher Nachweis von Arsen auf Baumwolle. Textile Ind. **132** (1968) 5, S. 151–153, 165.
*Weiss, E.:* Hochveredlung von Baumwolle – ein Rück- und Ausblick. Textilveredlung, Weinfelden/Schweiz **3** (1968) 9, S. 447–457.
*Merkin, I. B.:* Für die Textilindustrie – Baumwolle des erforderlichen Sortiments und von hoher Qualität. Tekstil. Prom., Moskva (Textil-Ind.) **28** (1968) 8, S. 13–14.

*Tierische Faserstoffe*

*Mamisašvili, N. I.:* Verwertung wollhaltiger Abfälle. Tekstil. Prom., Moskva (Textil-Ind.) **28** (1968) 8, S. 23.

### Chemiefaserstoffe

Chemiefasern im Ostblock und ihre Eigenschaften. Textil-Praxis **23** (1968) 9, S. 573–576.
*Muchin, B. A.:* Entwicklungsperspektive der Chemiefaserproduktion. Tekstil. Prom., Moskva (Textil-Ind.) **28** (1968) 8, S. 34–36.
Zusätzlicher Komfort durch Twinned-Fäden. Textile Month (1968) 6, S. 117.
Wie vier große Fehler in Chemiefasern zu vermeiden sind. Textile World **118** (1968) 8, S. 48–52.

*Cellulose und Zellstoff*

*Filippov, G. P., Starkova, E. P.:* Zellstoff-Aufschluß mit Kochsäure auf Ammoniumbasis. Bumaž. Prom. (Papier-Ind.) (1968) 9, S. 15–16.
*Tuominen, M. V.:* Erfahrung bei der Erzeugung von Vorhydrolysesulfat-Viskosezellstoff. Paperi ja Puu, Helsinki (Papier u. Holz) **50** (1968) 9, S. 517–520, 522–528 (engl.).
*Donetzhuber, A., Wilde, M.:* Zur Bestimmung von an Extrakt gebundenem Chlor im Zellstoff. Svensk Papperstidn. **71** (1968) 17, S. 596–598.
*Weinberg, J.:* Vergleichsuntersuchung der Verfahren zur Bestimmung der Carboxylgruppen in Zellstoff. Celuloza şi Hîrtie, Bucureşti (Cellulose u. Papier) **17** (1968) 9, S. 380–383.
*Burmester, A.:* Formbeständiges Holz durch Vergütung mit Monomeren, Umschau Wiss. Technik **68** (1968) 20, S. 635.

*Regeneratfaserstoffe*

*Wängberg, L., Treiber, E.:* Untersuchungen zur Trocken- und Naßxanthogenierung. Svensk Papperstidn. **71** (1968) 18, S. 621–635.
*Lukanoff, T.:* Zur Umsetzung von Cellulosefasern mit Acrylnitril und Eigenschaften der erhaltenen Produkte. Chem. Vlákna, Svit (Chem. Fasern) **18** (1968) 3/5, S. 69–79 (dt.).
*Schmiedeknecht, H.-H.:* Beeinflussung der Qualität von Zelluloseregeneratfaserstoffen durch Viskosezusatz- und Spinnhilfsmittel. Dt. Textiltechnik **18** (1968) 10, S. 614–618.

*Synthetische Faserstoffe*

Synthetische Fasern und Garne. Allg. prakt. Chemie, Wien **19** (1968) 6, S. 194–195.

Fasern, Produkte und ständig größer werdende Einsatzgebiete. Textile Manuf. **94** (1968) 1124, S. 325–327.

*Smith, N. B.:* Synthetische Faserstoffe in der Wollindustrie. Textile Month (1968) 6, S. 118, 121, 123, 124.

*Lacko, V.:* Neue Erkenntnisse auf dem Gebiet der Modifizierung von Polyesterfaserstoffen. Chem. Vlákna, Svit (Chem. Fasern) 18 (1968) 3/5, S. 93–97.

Qiana-Faserstoff: Verwandte Faserstoffe werden untersucht. Chem. engng. News **46** (1968) 34, S. 18–19.

*Feikema, J. G.:* Das Verstrecken von Polyamid- und Polyestergarn. II. Tex. Doetinchem/Nd. **27** (1968) 7, S. 376–379.

*Seregina, I. M., Borisov, S. N., Vol'f, L. A., Kirilenko, Ju. K., Meos, A. I., Sviridova, N. G.:* Herstellung von Polyvinylalkoholfaserstoffen mit hydrophoben Eigenschaften. Ž prikl. Chimii (Z. angew. Chemie) **41** (1968) 5, S. 1112–1116.

*Lennox-Kerr, P.:* Neue Bändchengarne für Weberei und Wirkerei. Z. ges. Textilind. **70** (1968) 10, S. 713–715.

*Künstliche mineralische Faserstoffe*

*Nixdorf, J.:* Anorganische Fasermaterialien für temperaturbeständige faserverstärkte Werkstoffe. Teil 2. VDI-Z. **110** (1968) 27, S. 1181–1187.

U.K.-Verfahren versprechen Whisker mit geringeren Kosten. Im U.K. entwickelte Verfahren könnten Kohle-, Siliciumnitrid- und Carbidwhisker beinahe zu Konsumgütern machen. Chem. engng. News **46** (1968) 36, S. 35–36.

**Ausgangsstoffe. Schaumstoffe. Kautschuk**

*Misterek, B., Niewiarowski, Z., Werbliński, W.:* Moderne Maschinen für Plastverarbeitung. Spritzgußmaschinen. Teil I. Polimery, Warszawa **13** (1968) 6, S. 235–238.

Kunststoffe statt Metall? Wiss. u. Fortschr. (1968) 10, S. 455.

*Jahn, H.-J.:* Die Abhängigkeit des Compression Set von Elastomeren vom Mischungs-Aufbau. Kautschuk, Gummi, Kunststoffe **21** (1968) 9, S. 469 bis 477.

## III. Fäden-Herstellungstechnologien

**Spinnerei, Zwirnerei**

Spinnen – Spulen – Schären. Ciba-Rdsch., Basel (1968) 2, S. 15–16.

*Bandyopadhyay, S. B., Ghosh, H. C., Bose, B. K.:* Der Einfluß von Batschöl auf die Feuchtigkeitszurückbehaltung in der Jutefaser. Textile Manuf. **94** (1968) 1123, S. 274, 275, 281.

*Spinnereivorbereitung*

*Szatan, J.:* Neue Errungenschaften auf dem Gebiet der Kardenbeschläge für die Textilindustrie. Technik włókienn. (Textiltechn.) **17** (1968) 6, S. 161–164.

*Wegener, W., Hoth, G.:* Die Änderung der Faserlängenverteilung durch das Kämmen. II. Melliand Textilber. **49** (1968) 9, S. 1010–1017.

Fehler bei der Umstellung auf Chemiefasern auf das kleinste Maß herabsetzen. Textile World **118** (1968) 8, S. 87–88.

*Spinnerei*

*Sprenkmann, W.:* Verarbeitungsprobleme von Wolle und Synthetika. Magyar Textiltechn. **20** (1968) 9, S. 477–483.

*Grvoner, S.:* Fadenbruchhäufigkeiten in Abhängigkeit von Ballonhöhe, Ringdurchmesser und Kopsfüllung beim Spinnen mit und ohne Spinnkronen. Spinner, Weber, Textilveredlung **86** (1968) 9, S. 787–798 (dt. u. engl.).

*Jożwicki, R., Sikora, B.:* Neue Techniken zur Herstellung von Garnen im niedrigen und mittleren Nummernbereich. Technik włókienn. (Textiltechn.) **17** (1968) 8, S. 233–238.

*Wojciechowski, M., Kubiak, W.:* Flyerlos-Spinnsystem nach einer tschechoslowakischen Lösung. Technik włókienn. (Textiltechn.) **17** (1968) 8, S. 228–233.

*Ghosh, G. C., Bhaduri, S. N.:* Untersuchungen der Häkchenbildung und der Zylinderbeladung an der Baumwollkarde. Textile Res. J. **38** (1968) 5, S. 535–543.

*Erzeugnisse der Spinnerei und Zwirnerei*

*Lünenschloß, J., Hummel, E.:* Vergleichende Untersuchungen an Offen- und Ringspinngarn. Textil-Praxis **23** (1968) 9, S. 591–597.

*Kaeppner, W. M.:* Hohlräume in Viskose-Reifencord. Textile Res. J. **38** (1968) 6, S. 662–667.

*Kerékgyártó, P., Zolna, A., Gehring, J.:* Fertigungstechnologie von Polyester/Flachs-Mischgarnen. Magyar Textiltechn. **20** (1968) 9, S. 490–495.

**Texturfäden**

*Kluka, A.:* Texturierung von Polyesterseide. Technik włókienn. (Textiltechn.) **17** (1968) 7, S. 193–198.

Texturierte Garne – technologische und wirtschaftliche Aspekte. Z. ges. Textilind. **70** (1968) 10, S. 752, 754.

**Kern/Mantel-Fäden**

Herofil: ICI Fibres Ltd. stellt Spinnfadenverbundstoff aus Bikomponentfäden her. Textile Month (1968) 6, S. 113–114.

*Wegener, W., Wulfhorst, B.:* Dynamische Dauerversuche an unterschiedlich hergestellten Kautschuk-Elastomerfäden. Wirk.- u. Strick.-Technik **18** (1968) 10, S. 547–555.

## IV. Flächengebilde-Herstellungstechnologien

*Johnson, A.:* Ideen für die Entwicklung in alten und neuen Fabrikationsmethoden. Textile Manuf. **94** (1968) 1123, S. 270–273.

*Kullrich, H.:* Wirken und Stricken aus der Sicht des Webers. Melliand Textilber. **49** (1968) 9, S. 1041–1042.

**Materialvorbereitung**

*Klösges, H.:* Das Fachen. Z. ges. Textilind. **70** (1968) 10, S. 705–710.

*Ramaszeder, K.:* Physikalisch-chemische Gesichtspunkte zur Auswahl von Schlichten für synthetische Fasern. Spinner, Weber, Textilveredlung **86** (1968) 10, S. 927–930.

Probleme der elektronischen Garnreinigung und ihre Lösung. Melliand Textilber. **49** (1968) 9, S. 1032–1038.

**Weberei**

Der Webstuhl. Ciba-Rdsch., Basel (1968) 2, S. 24–29.

*Nedkova, M.:* Technologische Zuverlässigkeit der Webmaschinen. Tekstil. Prom., Sofija (Textil-Ind.) **17** (1968) 6, S. 9–13.

*Zadle, J.:* Wirtschaftlicher Nutzeffekt der neuen Webtechniken in der Baumwollindustrie. Technik włókienn. (Textiltechn.) **17** (1968) 7, S. 202 bis 205.

*Kowalski, A., Łotkowski, T.:* Klassisches Beispiel für die Automatisierung der Weberei – japanische hydraulische Webmaschinen. Technik włókienn. (Textiltechn.) **17** (1968) 7, S. 206–207.

*Vonberg, H.:* Hosenstreifen. Spinner, Weber, Textilveredlung **86** (1968) 10, S. 921–922.

*Weberei-Technologie*

*Németh, L.:* Eine mechanische Analyse der Kettbaumbremse Typ LF. Magyar Textiltechn. **20** (1968) 9, S. 499–501.

*Kowalski, A., Łotkowski, T.:* Abmessen des Schusses und Zyklus der Gewebebildung auf den hydraulischen Webmaschinen des Typs HR. Technik włókienn. (Textiltechn.) **17** (1968) 8, S. 239–242.

*Erzeugnisse der Weberei*

Die Ergebnisse zeigen, daß die Gewebestruktur die Gebrauchsleistung beeinflußt. Textile Manuf. **94** (1968) 1123, S. 299.

Perfekter Stoff. Textile Manuf. **94** (1968) 1123, S. 284.

**Wirkerei und Strickerei. Konfektionstechnik. Sonstige Technologien**

Die Kettenwirkerei. Textile Month (1968) 6, S. 68, 70, 71–74, 77, 78, 80, 81, 83, 85, 86, 88.

*Wirkerei- und Strickerei-Technologie*

*Konopásek, M.:* Die Kybernetik im Dienste der Wirkerei und Strickerei. Dt. Textiltechnik **18** (1968) 10, S. 629–635.

Neues Herstellungsverfahren für Damenstrümpfe und Strumpfhosen. Wirk.- u. Strick.-Technik **18** (1968) 9, S. 477–478.

*Darlington, K. D.:* Anwendung und Entwicklung der Fallblechwirktechnik. Hosiery Trade J. **75** (1968) 895, S. 93–97.

*Leaf, G. A. V., Blackmann, F.:* Der Stoß auf die Nadeln in einem Strickmaschinenschloß. Textile Res. J. **38** (1968) 6, S. 651–662.

*Erzeugnisse der Wirkerei und Strickerei*

*Darlington, K. D.:* Prinzipien des Entwurfs von kettengewirktem Kleiderstoff. Hosiery Trade **J. 75** (1968) 896, S. 56–58.

Wie man die Produktion nahtloser Polyamidstrümpfe groß aufzieht. Textile World **118** (1968) 8, S. 53–55.

*May, M. C.:* Zufriedenstellung des Kunden ist vorrangig. Textile Ind. **132** (1968) 5, S. 166–167, 170.

*Konfektionstechnik*

*Josifova, E.:* Konstruktion von Bekleidung für Kinder bis zu 3 Jahren auf der Grundlage von anthropometrischen Messungen. Tekstil. Prom., Sofija (Textil-Ind.) **17** (1968) 6, S. 17–22.

*Rieser, W., Schierbaum, W.:* Haben Nahtart und Nähmittel Einfluß auf die Paßform? Bekleid. u. Wäsche **20** (1968) 17, S. 1154–1159.

**Textilverbundstoffe**

*Faserverbundstoffe. Vliesstoffe*

*Burnip, M. S.:* Die Wirtschaftlichkeit von Nähwirkstoffen. Textile Month (1968) 5, S. 78, 79, 81; 6, S. 106, 109.

*Hearle, J. W. S., Newton, A.:* Nichtgewebte Stoffe, Teil XV. Die Anwendung der Faser-Netzwerktheorie. Teil XVI. Das Verhalten von Modellsystemen aus verbundenen Fasern. Textile Res. J. **38** (1968) 4, S. 343 bis 351; 5, S. 488–496.

*Jörder, H.:* Entwicklungstendenzen in der Vliesstoffherstellung in der Bundesrepublik Deutschland. Z. ges. Textilind. **70** (1968) 10, S. 683 bis 685.

## V. Textilveredlung

*Günter, H.:* Das Betriebswasser und seine Bedeutung für die Maschwaren-Veredlung. Wirk.- u. Strick.-Technik **18** (1968) 10, S. 531–534, 536 bis 538.

*Würz, A.:* Symposium über die Naßveredlung von Polyesterfaser und Polyesterfaser-Mischungen. Melliand Textilber. **49** (1968) 9, S. 1053.

**Farbstoffe. Textilhilfsmittel**

*Gebert, K.:* Primasol AM, ein neues Klotzhilfsmittel zur Verhinderung der Pigmentwanderung. Melliand Textilber. **49** (1968) 9, S. 1065.

*Dorset, B. C. M.:* Wichtige neue Anwendungen und charakteristische Merkmale textiler Hilfsmittel. Textile Manuf. **94** (1968) 1124, S. 336–341, 347.

*Legkobitova, G. I., Belozerova, G. L., Meškova, B. Ju., Sokolova, T. D.:* Anwendung des Präparationsmittels Teprem-3 für Kapronseide Elastik. Chim. Volokna (Chem. Fasern) (1968) 5, S. 67.

**Bleicherei. Sonstige Vorbehandlungsarbeiten der Textilveredlung**

*May, M. C.:* Neuerungen in der Bleicherei. Textile Ind. **132** (1968) 5, S. 174–175, 177.

*Jakubowicz, H.:* Anlagen zum Dosieren der chemischen Bestandteile in Strang-Bleichapparaten. Technik włókienn. (Textiltechn.) **17** (1968) 8, S. 249–250.

Polyester/Baumwoll-Bettlaken für England. Textile Ind. **132** (1968) 5, S. 178–179.

*Reichman, A.:* Das Bleichen von Baumwollgeweben in voller Breite. Ind. textila, București **19** (1968) 8, S. 480–484.

*Kirner, U.:* Vorbehandeln, Bleichen und optisches Aufhellen von Mischungen aus Polyesterfasern und Cellulosefasern. Melliand Textilber. **49** (1968) 9, S. 1081–1084.

*Umlauf, J.:* Optische Aufheller für synthetische Faserstoffe. Dt. Textiltechnik **18** (1968) 10, S. 635–638.

**Färberei**

Neue Vorstellungen auf dem Gebiete der Kontinuefärberei von Wollkammzug. Textile Month (1968) 6, S. 99–100.

*Marvi, S. F. I., Kričevskij, G. E.:* Katalytische Beschleunigung der Reaktion zwischen Rekativfarbstoffen und Cellulosefasern. Tekstil. Prom., Moskva (Textil-Ind.) **28** (1968) 8, S. 50–53.

*Dawson, T. L.*: Garnfärbung von synthetischen Faserstoffen für Gewirke und Gestricke. Dt. Textiltechnik **18** (1968) 10, S. 643–647.

*Ramwell, R. O.*: Kontinuefärben von Polyamid. Internat. Dyer, Textile Printer, Bleacher, Finisher **140** (1968) 5, S. 316, 318, 321.

*Leube, H.*: Wirtschaftlichkeitsvergleich gebräuchlicher Methoden beim Färben von Stückware aus Polyesterfaser/Cellulosefaser-Mischungen. Melliand Textilber. **49** (1968) 9, S. 1066–1076.

*Calde, C., Beghelli, B.*: Die Technik der Färbung von modifizierten Polypropylenfasern. Chem. Vlákna, Svit (Chem. Fasern) **18** (1968) 3/5, S. 61 bis 68.

*Fox, M. R.*: Das Färben von Baumwollrundwirkware. J. Soc. Dyers Colourists **84** (1968) 8, S. 401–407.

#### Druckerei

*Okoniewski, M.*: Entwicklungsrichtungen des Textildrucks. Technik włókienn. (Textiltechn.) **17** (1968) 8, S. 251–253.

Wie man Tuchstücke halbautomatisch mit Reaktivfarbstoffen filmbedruckt. Textile World **118** (1968) 8, S. 145.

*Tomaszewski, L.*: Vakuummetallsierung von Geweben. Technik włókienn. (Textiltechn.) **17** (1968) 6, S. 184–187.

#### Ausrüstung. Trocknung

*Nordon, P., Bainbridge, N. W.*: Dämpfen von Wollgarnspulen. J. Soc. Dyers Colourists **84** (1968) 8, S. 424–429.

*Kaesler, K. P.*: „Hot-Box"-Beginn einer Umwandlung. Chemischreiniger u. Färber/Färber-Ztg. **21** (1968) 9, S. 461–462.

*Baird, K.*: Temperatur und Feuchtigkeitsaufnahme von Wollgeweben während des Dampf-Pressens. Textile Res. J. **38** (1968) 6, S. 670–674.

*Anderson, C. A., Katz, H. J., Wood, G.F.*: Oberflächenverfilzung von Gewirken aus Wolle, die einer Schrumpfechtausrüstung mit Chlor-Kunstharz unterworfen waren. Textile Res. J. **38** (1968) 5, S. 559–560.

*Feikema, J. G.*: Die Untersuchung über den Einfluß kleiner Luftmengen während des Dämpfens auf den Prozentsatz der Fixierung zweier Küpenfarbstoffe und auf die Zersetzung des Formosuls unter verschiedenen Lagerungsbedingungen von Mustern bedruckter Gewebe. Fibre e Colori, Milano **18** (1968) 8, S. 304–312.

*Wilson, K., Gamarra, J., Swidler, R.*: Dampfphasen-Behandlung von Baumwollgeweben mit Formaldehyd, katalysiert mit Schwefeldioxid. Textile Res. J. **38** (1968) 4, S. 401–416.

*Braun, P.*: Das Fixieren von Polyester/Wollgeweben. Z. ges. Textilind. **70** (1968) 10, S. 725–730.

*Schmink, H.*: Flammenhemmende Ausrüstung von Textilien. Textilreinigung **15** (1968) 11, S. 333–335.

*Choiński, Z.*: Über die Möglichkeiten der Modifizierung von Polyacrylnitrilfaserstoffen. Teil II. Polimery, Warszawa **13** (1968) 5, S. 185–188.

*Hobart, S. R., McGregor, H. H., Mack, Ch, H.*: Reaktion von Arylisocyanaten mit Baumwollcellulose. Teil IV. Reaktion über Phenyl N-Arylcarbamat. Textile Res. J. **38** (1968) 8, S. 824–830.

*Tolgyesi, W. S.*: Verbesserter DP-Grad von Baumwolle durch trockene Auflagerung von Polymeren, die reaktive Gruppen enthalten. Textile Res. J. **48** (1968) 4, S. 416–425.

*Lauter, K.*: Laminieren und Bondieren von Wirk- und Strickwaren. Wirk.- u. Strick.-Technik **18** (1968) 9, S. 443–445.

#### Wäscherei. Chemische Reinigung

*Neukirchner, A., Reumuth, H., Faller, K.*: Der langsame Abbau von Haushaltwäsche beim Tragen, Waschen und Trocknen unter amerikanischen und europäischen Bedingungen. Z. ges. Textilind. **70** (1968) 10, S. 716 bis 725.

*Tesch, J.*: Elastische Bügelunterlage aus Stahl. Reiniger Rev./Chem. Reinigung/Färberei **11** (1968) 9, S. 332.

*Davies, E. J.*: Ein internationaler Überblick über Chemischreinigung. Chemischreiniger u. Färber/Färber-Ztg. **21** (1968) 8, S. 441–446; 9, S. 456–457, 460.

*Kaesler, K. P.*: Vergleich der FCKW-Lösungsmittel für die Chemischreinigung. Chemischreiniger u. Färber/Färber-Ztg. **21** (1968) 10, S. 516 bis 522.

## VI. Werkstoffprüfung. Meß- und Prüftechnik. Standardisierung

#### Eigenschaften und Fehler der Textilmaterialien u. a.

*Shore, J.*: Mechanismus der Reaktion von Proteinen mit Reaktivfarbstoffen. I. Literaturübersicht. II. Reaktionsfähigkeit von einfachen Modellverbindungen mit Chlortriazinfarbstoffen. J. Soc. Dyers Colourist **84** (1968) 8, S. 408–412; 413–422.

*Deležel, B.*: Mikroskopische Bestimmung der Diffusion von Salpetersäure in Polyvinylchlorid. Chemie-Ing.-Technik **40** (1968) 17, S. 846–849.

*Ščetinin, A. M.*: Untersuchung der thermomechanischen Eigenschaften von Polysulfonamid-Faserstoffen. Chim. Volokna (Chem. Fasern) (1968) 5, S. 50–52.

*Miller, B.*: Thermoanalytische Studien über die dauerhafte Faltenbedigkeits-Ausrüstung von Baumwolle. Teil II: Die Wirkung von Nitratsalzen auf das thermische Verhalten von Baumwolle. Textile Res. J. **38** (1968) 4, S. 395–400.

*Iuchum, D.*: Bestimmung des Abbaues von Geweben aus Viskosefasern und Baumwolle. II. Celuloză şi Hîrtie, Bucureşti (Cellulose u. Papier) **17** (1968) 8, S. 309–313.

*Benický, M.*: Über den Einfluß von Faktoren, die zur Alterung von Polypropylenfaserstoffen beitragen. Chem. Vlákna, Svit (Chem. Fasern) **18** (1968) 3/5, S. 46–50.

*Papkov, S. P.*: Verhältnis zwischen Festigkeit und Reißdehnung von Regeneratcellulose-Faserstoffen. Chim. Volokna (Chem. Fasern) (1968) 5, S. 46–48.

*Kaufmann, S.*: Zur Definition der Reißlänge eines Fadens. Faserforsch. u. Textiltechnik **19** (1968) 11, S. 526–527.

*ten Cate, G. H. J.*: Die Beziehung zwischen der Einzelfadenfestigkeit und -dehnung und der Bündelfestigkeit und -dehnung von Garnen. Tex, Doetinchem/Nd. **27** (1968) 7, S. 391–399.

*Trommer, G.*: Das Kraft-Dehnungs-Verhalten von Kernwindefäden. Faserforsch. u. Textiltechnik **19** (1968) 11, S. 518–526.

*Bobeth, W., Päßler, H.*: Zum Verhalten von Fäden bei Druckbeanspruchungen durch Walzen. Teil III. Walzversuche mit polyfilen Seiden und Garnen. Faserforsch. u. Textiltechnik **19** (1968) 11, S. 514–518.

*Scheller, M., Steinmüller, H.*: Untersuchungen zum Streifigkeitsausgleich bei Dederon-Seide mit verschiedenen Egalisiermitteln. Dt. Textiltechnik **18** (1968) 10, S. 639–643.

*Bertoli, P.*: Filzvermögen von Mischungen aus Wolle/Chemiefasern. I. u. II. Panorama tessile, Milano **5** (1968) 31, S. 32–34; 32, S. 3–6.

#### Meß- und Prüftechnik

*Lazureanu, E., Cotofana, Gh.*: Anwendung der mathematischen Statistik bei der Interpretation der Laborergebnisse – ein Faktor der Verbesserung der Qualität der Halbfabrikate und der analysierten Garne. Ind. textila, Bucureşti **19** (1968) 8, S. 485–487.

*Riedel, M.*: Die mathematisch-statistische Planung und Auswertung von Rangfolgetests auf der Grundlage des paarweisen Vergleichs. Textilveredlung, Weinfelden/Schweiz **3** (1968) 9, S. 475–481.

*Collins, J. D., Chaikin, M.*: Strukturelle und nichtstrukturelle Wirkungen in der beobachteten Spannungs-Dehnungskurve für nasse Wollfasern. J. Textile Inst. **59** (1968) 8, S. 379–400.

*Lennox, F. G., King, M. G.*: Untersuchungen über das Vergilben der Wolle. Teil XXIII: UV-Licht-Vergilbung und Bleichen durch Blaulicht an verschiedenen Wollen. Textile Res. J. **38** (1968) 7, S. 754–761.

*Anderson, W. G.*: Fadendilatometer. Rev. sci. Instrum. **39** (1968) 7, S. 1064 bis 1066.

*Erkens, A.*: Auswirkung von Wechselbelastungen auf den Zusammenhalt der Fasern im Gespinst. Z. ges. Textilind. **70** (1968) 10, S. 710–712.

*de Boer, J. J., Borsten, H.*: Antwort von de Boer und Borsten. Textile Res. J. **38** (1968) 4, S. 443–444.

*Wickbold, R.*: Die chromatographische Zerlegung der Äthylenoxid-Addukte in ihre Homologen und deren quantitative Bestimmung. Fette, Seifen, Anstrichmittel/Ernährungsind. **70** (1968) 9, S. 688–692.

*Kravcenko, V.*: Die wirkliche Verformungsgeschwindigkeit von Zugproben bei Prüfmaschinen mit mechanischem Antrieb. Materialprüfung **10** (1968) 9, S. 311–313.

*Ströhl, G. W.*: Beitrag zur Analyse ionischer Tenside. Fresenius' Z. analyt. Chemie **238** (1968) 4, S. 240–254.

*Hentsch, R., Walecko, J.*: Fotokolorimetrische Verfahren zur Bestimmung der Farbstoffkonzentration. Technik włókienn. (Textiltechn.) **17** (1968) 8, S. 254–256.

*Tracz, W.*: Möglichkeiten für eine Verbesserung der Pillingechtheit von elastischen Geweben. Technik włókienn. (Textiltechn.) **17** (1968) 5, S. 140–142.

#### Standardisierung. Terminologie

*Böhme, W.*: 12. Mitteilung des FA Textilterminologie der KDT. Faserforsch. u. Textiltechnik **19** (1968) 11, S. 526–530.

*Winkler, F.*: Standardisierte Begriffe der Textilprüfung und verwandter Gebiete. 1. Statistische Zugprüfung. Beiblatt R: Systematische und alphabetische Gliederung der Begriffe in russischer Sprache. Faserforsch. u. Textiltechnik **19** (1968) 11, S. 531–537.

## VII. Betriebstechnik. Ökonomie. Tagungsberichte u. dgl. Sonderfragen

#### Betriebstechnik

*Schneider, W.*: Einfaches Gerät zur Bestimmung von Schwefeloxiden in Rauch- und Abgasen. Chem. Technik **20** (1968) 5, S. 299–300.

*Kallfaß, H., Köster, E.*: Korrosionsverhütung in Kesselanlagen durch Hydrazin. Textil-Praxis **23** (1968) 9, S. 634–635.

*Brandt, A.*: Arbeitshygiene bei der Rationalisierung – Aufgabe des Betriebskollektivs und der Wissenschaft. Arbeitsökonomik **12** (1968) 6, S. 519–524.

*Dietrich, A.*: Moderne Beleuchtung in Textilreinigungsbetrieben. Textilreinigung **15** (1968) 11, S. 339–343.

*Böhme, J.*: Füllstände messen, anzeigen, steuern und regeln. Chem. Ztg./Chem. Apparatur **92** (1968) 19, S. 707–714.

*Natschew, S.*: Ergebnisse der Versuche mit einem neuen Gurtbandförderer mit verminderter Zugkraft im Gurt. Hebezeuge u. Fördermittel **8** (1968) 9, S. 281–283.

*Glaser, S.*: Automatische Wasseraufbereitungsanlagen. Chemischreiniger u. Färber/Färber-Ztg. **21** (1968) 10, S. 522–530.

#### Ökonomie

*Pätzold, G., Fischer, W.*: Zur Erfassung, Abrechnung und Analyse der Absatzkosten in der Textilindustrie. Dt. Textiltechnik **18** (1968) 10, S. 609 bis 613.

*Schmitz, H.*: Verwendung von Indexwerten in der Wirtschaftsstatistik. Spinner, Weber, Textilveredlung **86** (1968) 10, S. 913–916.

*Hänsch, J., Rittmüller, P.*: Methoden und Verfahren im Arbeitsstudium. 1. 2. Arbeit u. Arbeitsrecht **23** (1968) 18, S. 509–511; 19, S. 539–541.

*Krause, M.*: Die chemische Reinigung morgen. Chemischreiniger u. Färber/Färber-Ztg. **21** (1968) 10, S. 508–514.

*Vollbrecht, H.*: Kostenoptimierung eines Polymerisationsverfahrens mit Rührkesselreaktor. Chem. Ztg./Chem. Apparatur **92** (1968) 18, S. 665 bis 675.

*Lindenhayn, O.*: Zum System der fehlerfreien Arbeit. Arbeitsökonomik **12** (1968) 6, S. 495–501.

*Singer, H.*: Stand und einige Probleme der Entwicklung von Elasten im Kombinat VEB Chemische Werke Buna. Mitt.-Bl.-chem. Ges. DDR **15** (1968) 9, S. 193–198.

#### Sonderfragen

*Wells, R. D.*: Muster für den technischen Informationsfluß – Ein Planungsproblem für die Textilindustrie. Textile Res. J. **38** (1968) 4, S. 332 bis 338.

*Mauch, S. P.*: Die Ingenieurtätigkeit als Entscheidungsprozeß. (Ein Gedankenmodell vom Standpunkt des Systems Engineering). Ind. Organis., Zürich **37** (1968) 9, S. 521–527.

*Eck, C. D.*: Kaderschulung, Führungsstil und Menschenbild. Ind. Organis., Zürich **37** (1968) 9, S. 514–520.

*Pogány, F.*: Die Rolle der Textilien in der Architektur. Magyar Textiltechn. **20** (1968) 9, S. 526–528.

Wir liefern

**komplette Vakuum-Trocknungsanlagen**

zur schonenden Trocknung temperaturempfindlicher Stoffe bei höchster Wärmewirtschaftlichkeit für jeden Gutszustand und jede geforderte Endfeuchte:

| | |
|---|---|
| Vakuum-Trockenschränke | für alle Produkte |
| Vakuum-Walzentrockner | für flüssige bis breiartige Produkte |
| Vakuum-Schaufeltrockner | für Schüttgüter (Haufwerke) |
| Vakuum-Drehtrommeltrockner | für Rieselgüter (siehe obige Abbildung – Großanlage zur Trocknung von Polyamid-Granulat) |
| Vakuum-Pumpanlagen | für alle Anwendungsbereiche |
| Kolloidmahlanlagen | zur Feinstvermahlung von Mattierungsmitteln und Füllstoffen. |

Fordern Sie bitte unsere Sonderprospekte an.

VACUUM-TECHNIK

**DEUTSCHE VACUUMAPPARATE**

**DREVER UND HOLLAND-MERTEN KG**
**47 SANGERHAUSEN**

## Labor-Krempel Type 3K

findet Anwendung in der Textilindustie zu Manipulationszwecken beim Melangieren und zur Prüfuug der textiltechnischen Eigenschaften von textilen Rohstoffen.

Die moderne Konstruktion der Krempel ist zu den technologischen Anforderungen der Verarbeitung von verschiedenen Rohstoffarten und nachher zu deren Auflegung als Faservlies auf der Abnehmertrommel, angepaßt.

Die Hauptelemente der Maschine sind folgende:

Haupttrommel, Abnehmer ⌀ 450/450 mm Durchmesser, mit 3 Paar Arbeiter- und Wendewalzen ⌀ 118/55 mm Durchmesser.

Alle Arbeitselemente der Krempel sind mit elastischen Kratzenbeschlägen bezogen.

Arbeitsbreite – 500 mm

**BEFAMA** GEGRÜNDET 1851

BIELSKO-BIAŁA, POWSTAŃCÓW SL. 6

POLEN – Exportbüro – Telephon von 30-61 bis 30-69

Fernschreiber 031233, Drahtanschrift „BEFAMA-Bielsko"

Bitte besuchen Sie uns auf der Internationalen Leipziger Messe – 2.–11. März 1969 – Pavillon der Textilmaschinen